ELS GRUMETS DE LA GALERA

M. DOLORS ALIBÉS I RIERA

MÀQUINES D'EMPAQUETAR FUM I ALTRES ENGINYS

LLISTA D'HONOR DEL PREMI DE LA C.C.E.I., 1981

IL·LUSTRACIONS
PILARÍN BAYÉS

LA GALERA, S. A. EDITORIAL
BARCELONA

Primera edició: abril de 1980
Segona edició: gener de 1983

Dipòsit Legal: B. 41744/1982
Printed in Spain
ISBN 84-246-7109-0

La Galera, S.A. Editorial
Ronda del Guinardó, 38 - Barcelona, 25
Imprès a Emograph, S.A.
Almirall Oquendo, 1 - Barcelona, 20

A la Ritxi, en Joan i l'Esther, inventors de casa, que m'han deixat les seves eines, i a tots els altres que hi ha pel món.

COR

Escric a Vilaxiroia de Baix, a finals d'agost d'aquest any.

És com una carta llarga dirigida a un pintor de quadres abstractes (encara no sé què vol dir) que es diu Lluca. Ell va pel món i no pot saber res del que ha succeït aquí, perquè només ho ha publicat el «Xiroi», que és la revista del poble. Em penso que estarà content de saber que hem aprofitat una idea seva per fer veure el mar als qui no en tenen.

Un cop llesta la història i aprofitant que tinc parents a can Veles i Rems, papereria i objectes de regal, en faré fer unes quantes fotocòpies per repartir entre les persones que han col·laborat amb nosaltres. També en posaré algunes a la sala d'espera del meu pare, que és dentista, perquè tothom que ho vulgui pugui saber els grans tràfecs que hem tingut aquest estiu per arreglar una mica el món.

Caterina Ridaura Costa
inventora

HORARI
8 a 1
4 a 7
STP

PRIMERA VISITA A LA CASA DE LA VILA

Com tothom sap, l'Ajuntament de Vilaxiroia de Baix és al bell mig del poble, davant per davant de l'estació.

És un edifici alt amb coses a la façana, d'aquelles que es posaven abans com per exemple columnes i escuts.

Jo ja hi havia anat altres vegades amb els de casa, concretament amb l'Eulàlia, que poc abans de casar-se hi entrà a buscar no sé quin paper per al trasllat d'empadronament.

Els altres de la colla també hi havien estat. La Joana amb el seu pare a pagar una multa i en Maurici i en Miquel es veu que un cop hi van anar a portar un clauer ben ple de claus que van trobar sota d'un arbre.

Tal com havíem quedat, a les onze tots vam anar fent cap davant de la porta.

En Miquel i jo arribàrem els primers. Després en Jaume i en Jordi i de seguida la Matilde, en Maurici i la Joana.

Jo anava massa carregada. En una mà una bossa amb els caramels i a sota l'altre braç la tovallola de bany que servia per embolicar tota la paperassa.

Així que em van veure, tots van córrer a felicitar-me:

—Per molts anys Cati.

—Ai sí, per molts anys Cati!

Em vaig posar a repartir caramels amb prou feina i tot dient:

—Gràcies, gràcies...

Es veu que tots set davant la porta de la Casa de la Vila devíem fer molta patxoca perquè va passar una velleta arrossegant el carret d'anar a comprar i ens va preguntar:

—Passa alguna cosa?

La vam tranquil·litzar.

—No senyora. No passa res, és l'aniversari de la Cati i l'acompanyem aquí per un encàrrec.

Tot seguit vam llençar els paperets dels caramels a la paperera i vam decidir d'entrar.

—Qui parlarà primer?

—Home, la Cati.

—I per què jo?

—Filla meva, tu ets la que remenes les cireres. Nosaltres t'ajudem i prou, i encara perquè és avui.

—Però en Miquel és el més alt i sap parlar molt bé.

El noi es va estarrufar.

—Vinga! No en parlem més. Jo començo i tu continues. Pugem.

Vam enfilar l'escala, però a la meitat un home gran amb ulleres i vestit blau amb l'escut de Vilaxiroia ens va aturar.

—On aneu, nois?

—A parlar amb l'alcalde.

—Vosaltres sols?

—Sí. Som set, no n'hi ha prou?

—A veure, a veure... Què li voleu dir a l'alcalde?

—Una cosa nostra.

Ens va mirar ben remirats a tots. Jo em vaig amagar la tovallola més cap a sota el braç.

—Vosaltres dos, no sou fills d'en Ruvinyols? —preguntà el guàrdia dirigint-se a en Jaume i en Jordi.

—Sí. Fins ara sí —va fer en Jordi—, però el pare no hi té res a veure amb tot això... és cosa...

El vaig pessigar perquè no se n'anés de la llengua abans d'hora.

En Miquel, amb cara d'entenimentat i les mans a la cintura es va engegar:

—Hem de veure el batlle per a un assumpte important. No l'entretindrem pas gaire estona.

L'home de blau es va arronsar d'espatlles i amb el cap va assenyalar l'escala volent dir «passeu».

No ens ho vam fer repetir.

Tota la trepa, educadets i en fila índia, vam acabar de pujar fins al primer pis. Allí ens vam parar, perquè hi havia una porta amb un rètol que posava «Secretaria».

—És aquí?

—Sí. Aquí mateix.

Vam entrar d'un a un i ens vam anar col·locant al mig de la sala.

El lloc era ample, amb moltes portes i, al capdavall, a la vora d'una finestra, hi havia una taula i una noia molt rossa que escrivia a màquina. Més ben dit: no escrivia, perquè així que va entrar el primer de nosaltres va alçar el cap i es veu que ens començà a comptar.

—Hola!... Ja hi sou tots? —preguntà veient que la corrua no s'acabava mai.

S'aixecà i va sortir de darrera la taula.

—Vosaltres direu.

—Veníem a veure l'alcalde. Vull dir el batlle... millor dit: el senyor batlle.

—De part de qui?

—De part de ningú.

La secretària va fer una ganyoteta amb els ulls que volia dir «no entenc res de res».

Li ho vaig explicar:

—Vol dir de part nostra. De tots set.

Ella s'ho va rumiar una mica.

—Potser jo li podria fer arribar l'encàrrec, al senyor batlle. Si em dieu de què es tracta...

—Moltes gràcies, però és una cosa personal.

Això de «cosa personal» jo ho he sentit dir moltes vegades a en Vicenç per telèfon. Es veu que fa molt d'efecte.

—Personal de tots set? —preguntà com si ho dubtés, la noia rossa.

—Sí, sí. Ja li ho hem dit: de tots set.

—Potser podríeu escriure de què va i jo li passaria la nota —va proposar.

—Ja ho havíem pensat, però és llarg i complicat, i a més, els dibuixos s'han de veure.

Vaig haver de tornar a pessigar a en Jordi.

—Dibuixos?

—Dibuixos i altres coses. Ja ho hem dit, és personal.

Es veia que la pobra rumiava de valent.

—De tota manera, l'alcalde no hi és avui. Té el seu dia de rebre visites, que és dijous d'onze a una.

—Refumeta! —vaig engegar sense pensar—. I fins a dijous ens caldrà esperar?

—Aquest o l'altre.

Va treure una llibreta d'un calaix i fullejà buscant no sé què. Més ben dit, sí que ho sé: temps lliure del senyor batlle.

—Demà passat ni pensar-hi. Haurà de ser el dia dinou. L'altra setmana.

Va tancar la llibreta amb ganes que a nosaltres ens desinflés l'espera.

Ens vam mirar tots i algú preguntà:

—Què fem?

—Esperar el dia dinou. Quin remei! —vaig fer—. Ja s'ho pot anotar a la llibreta i digui'ns l'hora, per favor.

La tornà a obrir i va buscar un bolígraf.

—De dotze a una. Quin nom hi poso?

—Qualsevol dels set...

—No home, no. El de la Cati!

—Caterina Ridaura Costa —vaig fer.

—Ca-te-ri-na —sil·labejava tot escrivint—. ¿Com més has dit?

—Ridaura Costa.

—Bé. Ja està! Caldrà, però, que em digueu una mica de què va la visita. Tothom ho fa, veieu? Això, per exemple, es tracta d'un permís per edificar...

—No, no és res d'això. És més complicat.

La noia va sospirar fastiguejada.

—Ja m'ho penso! —féu posant mala cara—, però el senyor alcalde no té temps per perdre. Cal que quan li passi la nota ja sàpiga més o menys de què va la visita.

Vaig témer que tot se n'anava en orris.

—Podem parlar un moment tots sols?

—Parleu, però de pressa —concedí tot senyalant cap a l'altre cantó de la sala.

Just llavors va sonar el telèfon i jo me'n vaig alegrar. Així per un momentet es distrauria de nosaltres.

Ens vam posar en un racó per no fer nosa a ningú. Sota mateix d'un mapa de Vilaxiroia vista des d'un avió.

—Cal mantenir el secret peti qui peti —vaig xiuxiuejar a les orelles de tota la colla.

—És clar que sí, però què li diem a aquesta noia?

—La veritat. Que volem mostrar uns projectes a les autoritats. A l'alcalde per començar.

—Voldrà saber més coses.

—No es pot dir més, per ara. Aviat el poble n'aniria ple i qui sap si llavors l'alcalde no ens voldria rebre.

—Deixeu-me fer.

Tornàrem cap a la taula. En Miquel i jo al davant.

La secretària ja havia penjat el telèfon i ens mirava encuriosida. Es veia d'una hora lluny que no hi estaven acostumats a rebre nois de la nostra edat a l'Ajuntament i que no tenien instruccions sobre què calia fer en aquests casos.

—Amb el senyor batlle hem de tractar d'uns projectes que és ben segur que li interessen. Posi això si li sembla: Projectes d'interès públic.

—Així potser és cosa de l'arquitecte municipal...

—Li dic que no. Res d'arquitectes. Anem de l'alcalde cap amunt, nosaltres!

En Jordi hi va ficar cullerada.

—I segons diu el professor, l'Ajuntament és de tothom i tenim dret a col·laborar-hi.

El vaig tornar a pessigar.

—Bé, ja veuré com sortir-ne —sospirà la noia—. Dijous, dia dinou de dotze a una. Caterina i companyia. Projectes. Ja està.

Ens va obrir la porta de l'escala.

Vam sortir alleugerits i més contents que unes pasqües.

Per l'escala la gent que anava amunt i avall ens feia pas.

Un cop al carrer, vam decidir de fer al menys enrenou possible i esperar el dia dinou sense dir res a ningú.

Ens vam acomiadar a la cantonada del forn.

—Adéu Miquel, fins a la tarda.

—Adéu Cati i per molts anys.
—Apa Maurici!
—No parlis massa Jordi...
—Adéu-siau vosaltres!
—Fins després!

L'EDISON DE VILAXIROIA

Vaig arribar a casa a quarts d'una amb la tovallola sota el braç i la mare va endevinar de seguida que no m'havia banyat.

—No anàveu a la piscina?

—Sí, però ens hi hem repensat. Hi havia tanta gent que no t'hi podies bellugar.

No era pas cap mentida. La piscina de Vilaxiroia pel juliol sol ser plena de gom a gom.

—Doncs apa, deixa les coses, renta't les mans i comença a parar taula que avui, per celebrar que fas anys, dinarem junts i prendrem cafè.

Em vaig posar a ajudar la mare tal com ella volia, però sense explicar-li res de la nostra anada a l'Ajuntament, perquè si jo li ho deia, els altres sis també ho podien contar a les seves mares, i les notícies al poble, més que córrer, volen.

Mentre anava posant a la taula ganivets i forquilles, van anar arribant tots els de casa. Primer el pare amb el diari i content perquè era dimarts i això volia dir fer festa a la tarda si no hi havia cap urgència.

Va treure el cap a la cuina tot ensumant.

—Què fas noia per celebrar-ho?

—Bunyols de bacallà.

Ell amb ganes de fer gresca va arrufar el nas i mogué el cap.

—...i res més?

—Ja es veurà.

Al cap de poc va comparèixer en Vicenç, tot remugant

paraules. Tornava de donar classe a uns nois que havien suspès les mates i la química i es veu que tenien el dia espès.

—Caldria que tu, Cati, ara que ja ets tan gran, inventessis alguna cosa per ficar números i fòrmules als caps d'aquests galifardeus.

—Una mena de xeringa t'aniria bé?

En Vicenç té dinou anys i estudia química a la Universitat. Sempre se'n riu, dels meus invents.

El darrer d'arribar va ser l'Antoni. Venia molt suat i ningú no sabia d'on. Està a l'edat del pa tou, diuen.

—Aquesta casa fa una bona olor de menjar que se sent des de tres carrers avall! —va engegar tot entrant.

És un noi que té el nas finíssim i això li porta molts problemes perquè, és clar, tant sent les bones olors com les dolentes.

I ja érem tots a casa, perquè encara que faltaven l'Eulàlia i en Ramon, aquests no havien pas de venir.

L'Eulàlia havia trucat de bon matí des de Veneçuela, tal com sol fer els dies assenyalats. S'havia sentit força bé encara que això és lluny i cau cap a l'Amèrica del Sud, fora de segons quins mapes. Ella és la germana gran i primer es va enamorar d'un noi de Teià, després d'un italià de Florència i a l'últim es casà amb en Quico de Veneçuela. Ja es veu que és una noia que cada cop va més lluny.

En Ramon, pobret, no és a casa perquè fa la mili a Maó. Ahir vàrem rebre la seva felicitació amb una fotografia per a tots, però sobretot per a mi. S'hi veu tan repeladet i seriós que sembla un general!

Així que, de quatre germans que tinc, aquest cop només n'hi havia dos a mà per celebrar l'aniversari.

A mig dinar, tal com és costum a casa nostra en ocasions així, em van tapar els ulls amb un tovalló, després de treure'm les ulleres, és clar, i em van posar el regal a davant perquè el palpés.

L'embalum era gros i vaig endevinar de seguida de què es tractava. A més a més, ja m'ho veia venir.

—Una caixa d'eines!

Em destaparen els ulls fent gran gatzara.

—Ondia tu! Sí que n'és, de grossa —vaig fer, tot obrint la tapa i remirant aquell bé de Déu.

De totes les que m'han regalar, era la més ben assortida: tornavisos de tres mides, un martell, una tenalla, una clau anglesa, unes alicates, una llima plana, un paquet de claus de rosca, puntes, un punxó, un rull de filferro...

Tot hi era lluent i ben posat, amb els mànecs pintats que feien goig de veure i em vaig quedar una bona estona contemplant aquell munt de ferramenta.

Els de casa es veu que ja havien previst que, perquè ho pogués estrenar, jo arreglaria davant de tothom el pany de cop de la porta del menjador, que ja feia temps que no tancava per culpa d'una molla que havia sortit del seu lloc i no feia retornar el pestell.

M'hi vaig avenir perquè jo ja ho havia vist fer a en Ramon i li havia preguntat el nom de cada una de les peces. Per si no ho sabeu, el pestell (almenys el de casa) és un ferreguet rodó que surt de la caixa del pany i es fica al bastiment on encaixa la porta, o bé en surt quan fem anar la maneta.

Amb el tornavís del número u vaig desfer el cargol que fixava les manetes i les vaig treure entre aplaudiments. Les vaig posar, amb el seu cargolet, en lloc segur.

—Espereu, que tot just començo!

Tot seguit, amb un altre tornavís, vaig desfer els dos cargols que sostenien una plaqueta al cantell de la porta i, estirant, ja vaig tenir a la mà tot el pany.

Altre cop alegrois.

—Una mica de calma, que encara em fareu equivocar!

La molla feia cara d'estar cansada de comprimir-se i expandir-se (paraules tècniques del pare), però es podia aprofitar. L'Antoni em va ajudar a aguantar la caixa i jo, prement-la amb les alicates, la vaig tornar al seu lloc i la vaig deixar anar. I altra vegada tornar-ho a col·locar tot i a rodar de nou, aquest cop cap a la dreta, per cargolar el que havia descargolat.

Va quedar preciós i a més funcionava.

Aleshores, a més d'aplaudir, es posaren a cantar:

—És la nostra Caterina
Trop, trop, trop, la, la, la,
tan traçuda i tan refina,
trop, trop, trop, la, la, la,
que no hi ha en tot el veïnat,
trop, trop, trop, la, la, la,
cap lampista espavilat
trop, trop, trop, la, la, la,
que hi pugui anar de costat,
trop, trop, trop, la, la, la!

Tot això amb música de sardana i uns feien el trop trop trop i els altres el la la la.

I és que a casa, qui adoba les coses que s'espatllen i n'inventa de noves, sóc jo.

La gent gran no s'ho explica i a vegades entre ells rumien com pot ser que jo hagi sortit així. Diuen que si ho he heretat del pare que és dentista i té un consultori tot ple d'aparells lluents i de totes mides, des d'un armari ple de rialles que esperen ser posades a la boca d'algun desdentegat, fins a la poltrona que, a més de rodar, s'enfila a força de cops de peu per posar la boca del pacient a la mida del nas del pare. I no us dic res de les làmpares també movibles, la turbina amb els seus estris penjats d'un cable elèctric... l'aspirador quirúrgic, sí, sí, qui-rúr-gic; les moles i fresses que, per cert, esveren tant la gent, els raspadors, els fòrceps, els mirallets, les pastes, els silicats, les anestèsies...

Els meus germans, que són uns exagerats, diuen que la meva afecció em ve perquè de petiteta em donaven molt ferro en forma de medicines, no pas perquè estigués malalta, sinó perquè era seca i desnerida i diuen que feien més embalum les ulleres que jo. Ja ho he dit, són uns exagerats!

Una altra de les possibles causes és que precisament els meus germans em van ensenyar de fer moltes facècies i, quan van descobrir que jo era capaç de desmuntar un ventilador i muntar-lo sense que em sobressin peces, es quedaven bocabadats i després, quan podien tornar a parlar, ho deien a tothom a crits: «Mireu, mireu què sap fer la Cati!»

Expliquen a casa que, una de les primeres coses que vaig inventar essent molt remenuda, va ser una màquina de trencar ous.

No sé pas on deu haver anat a parar!

Una vegada, amb tot d'escuradents vaig fer un piano al qual només faltava la música.

Ara mateix tinc la persiana de la meva habitació dirigida a distància. Ho hauríeu de veure. És a base de dues cordetes de plàstic blau que van des de la cinta al capçal del llit, d'anada i tornada. Una apunta cap a dalt per obrir i l'altra cap a baix per tancar. No ho faig servir mai, però fa molt bonic.

Bé, acabada la cerimònia i les postres vaig trucar a la Joana.

—Joana. M'han regalat una caixa d'eines, vindràs a veure-la aviat?

—Un moment que ho demano a casa.

La Joana ho consultava a la seva família, però era ben segur que li dirien que sí. La seva mare va molt atrafegada perquè té perruqueria i les dones hi van a corrua feta a fer-se pentinar. Viu a prop de casa i, quan n'és temps, anem a l'escola juntes, i ara que no n'és, anem amb tota la colla allà on convé.

Quan érem petites jugàvem hores i hores a les golfes de casa seva amb els rulls i les pinces de la perruqueria. Els assecadors de cap, que són com olles tombades i posades dalt d'un pal, eren els nostres avions o aparells que podien servir per a qualsevol cosa: evaporar aigua del mar o segar camps xuclant. Amb els rulls fèiem cases, i moltes cases iguals eren urbanitzacions. Les pinces tenien moltes utilitats: il·luminació, semàfors...

—Cati! —em cridava la Joana des de l'altre cantó del fil.

—Què t'han dit?

—Que sí. Vindré d'aquí una estona.

—No triguis gaire. Adéu!

Va arribar allà a les cinc, esbufegant.

—Noia, he tardat tant perquè he anat a comprar-te això. No sé si t'agradarà.

Era un paquetet bufó amb llaç i l'etiqueta que posa «Felicitats».

—Segur que sí —vaig fer tot desembolicant l'obsequi.

Era una capsa de retoladors de vint-i-quatre.

—Redimonis que llampants! Ens aniran molt bé per si cal retocar els projectes.

Li vaig ensenyar la caixa de les eines. Érem a l'habitació i per veure-ho tot més bé ho vam posar damunt del llit.

—Carat, si que n'hi ha, de coses!

A la Joana les eines no li deien res abans, però d'ençà que jo li'n vaig dir el nom i el servei que feien, se les mira amb bons ulls.

—Van fortes aquestes alicates.

—És clar, perquè són noves.

—I quin martell tan remenudet!

—Ja has vist la clau anglesa com s'eixampla i s'estreny?

—Podríem clavar un clau en algun lloc...

—Molt bona idea. On et sembla?

Vàrem donar un cop d'ull pertot arreu buscant alguna cosa que es deixés clavar claus sense ressentir-se'n.

—En una pota del llit, et sembla?

—Clavem-ne un cada una.

—Sí, seran com un record d'avui.

El d'ella va quedar una mica tort i el vam haver d'arrencar amb les tenalles.

—Prova-ho amb aquest i aquí.

—Quan vinguin els altres els els ensenyarem.

—Per cert que tarden molt.

—Tens raó. I si els truquéssim que s'afanyin?

Quan ànarem a marcar el número d'en Miquel, la mare va treure el cap per veure què passava amb tant d'enrenou. Li ho vàrem explicar i posà cara de resignació.

El pare, que feia migdiada i es veu que s'havia despertat amb els nostres cops de martell, quan va sentir que vindrien tots, hi va fer broma.

—Podríem aprofitar les eines i el personal per fer adobar les canonades del celobert...

Cap allà a dos quarts de sis van arribar en Jordi i en

Jaume de la Torre Sola. El seu pare els va portar amb el seu cotxe.

És un home rialler i amb cara de senyor perquè és el que mana més d'una fàbrica de pastes de sopa. La seva dona, que ja es veu que és la mare d'en Jordi i d'en Jaume, va a la perruqueria de ca la Joana. Li diuen senyora Ruvinyols, i això que es diu Rosa Solà. Van venir a viure a Vilaxiroia ja fa força temps, primer només a l'estiu i després tot l'any, i en Jaume i en Jordi van ser aviat dels nostres. Els diem de la Torre Sola perquè abans es veu que ho era, de sola. Ara és rodejada de blocs de pisos. En Jordi no calla mai i en Jaume no diu mai res, i això que són bessons! Se'ls devien repartir malament les ganes d'enraonar.

Em van regalar una lupa i jo vaig saltar i ballar de contenta.

Quan estàvem tots encaterinats mirant coses amb lupa, va arribar la Matilde amb una capsa de caramels. Sap que sóc molt llaminera. Va anar observant a poc a poc tots els regals i els papers amb què havien estat embolicats, que també eren molt bonics.

—Tinc tantes ganes que sigui el meu dia de fer anys...! —sospirà.

La Matilde Serruller no té germans i tot el dia ho està dient amb cara de llàstima, tant, que si els germans es poguessin comprar com les ametlles torrades, ja faria temps que entre tots li n'hauríem comprat un.

La mare de la Matilde és secretària i es passa el dia escrivint a màquina. El seu pare és viatjant de sabons.

En Miquel Llombregueres va haver de venir tot sol perquè en Maurici, que li és veí i de la colla, va haver d'ajudar el seu oncle que és cambrer i a les tardes té molta feina a servir refrescos a la plaça Nova.

En Miquel és el més alt de tots i el que sap més coses, per això li fem molt de cas. No té mare i el seu pare és el guarda del cementiri de cotxes on tenim el taller. És molt bon home i sort n'hi ha d'ell a l'hora mantenir els secrets.

El regal d'en Miquel va ser molt divertit. Ni tan sols el portava embolicat i cabia en el puny clos.

—Endevina què és el que et porto!

Tots hi dèiem la nostra.

—Un escarabat.

—Una pruna!

—Una goma d'esborrar.

Per fi va obrir la mà i tots a la una:

—Un cadenat!

Prou sabíem on s'hauria de posar!

—Demà mateix el pare ens donarà un tros de cadena. S'ha acabat haver de patir.

Va mirar content la caixa de les eines i ens va fer l'ullet.

—Aniria bé que la poguéssim tenir allà per quan haurem de fer les maquetes...

—Sí, jo també ho havia pensat...

Estàvem tots cavil·lant sobre la possibilitat de traslladar la caixa al taller quan va arribar a l'habitació una olor molt bona de xocolata desfeta. Vaig ensumar l'aire.

—T'hi vols jugar que...

Amb tres salts vaig ser a la cuina.

El pare, amb davantal, la remenava perquè no s'agafés. La mare preparava uns bons trossos de pa torrat per acompanyar-la.

Tots els meus amics també van anar traient el cap per la porta.

—Visquin els pares més trempats de Vilaxiroia! —vaig cridar.

—Visquin!

—És que hem pensat que per fer invents cal anar ben alimentats —explicà la mare.

I ens vam anar col·locant tots al voltant de la taula.

Abans de començar el banquet, el pare va proposar de brindar amb les tasses fumejants.

—A la salut d'Èdison! —va fer alçant-se.

—Però si Èdison és mort!

—Vull dir l'Èdison de Vilaxiroia.

Em vaig tornar vermella, perquè allò anava per mi i jo encara no sabia qui havia estat l'Èdison.

Ara ja ho sé.

UN TALLER MOLT ESPECIAL

Els matins, quan no hi ha escola, l'Antoni es passa tres hores al lavabo. Es compta els pèls del bigoti fent servir un mirall d'augment que era de l'Eulàlia i que precisament li anava molt bé per arrencar-se els pèls de les celles. A ella li sobraven els que li falten a ell. Ja ho diuen que el món està mal repartit.

—Antoni, surt aviat que vull parlar amb tu.

—Ai, ai! Què em vols demanar?

—Vull parlar t'he dit. No siguis tan pesat!

—Només tinc tretze pessetes —em contestava cridant.

—Te les pots ben quedar.

I ell continuava a dins i jo, donant tombs pel passadís fins que me'n cansava.

—Antoni, seré a la sala d'espera. No te'n vagis sense parlar amb mi.

Els dimecres i divendres el pare comença les visites a les deu, però a les nou ja hi ha qui fa cua. A dos quarts de deu arriba la Ritxi i fa passar els pacients impacients perquè s'asseguin.

Hi ha dies que jo vaig a la sala d'espera i, així, mentre faig com aquell qui fulleja una revista, puc saber les coses que passen a la gent gran del poble.

Ja hi havia set dones i tres homes que s'esperaven amb cara de pomes agres i parlaven de la calor que començava a fer, de com era d'empipador haver de trobar-se a cal dentista i de desgràcies. Tots tenien problemes amb les dents, els queixals o bé els ullals i, potser per això, a poc a poc s'anaven fent amics. També s'explicaven històries d'altres dentistes, de preus i de si et feien o no et feien mal. Venia una pausa i tot seguit es veu que tocava de parlar de l'aigua, de la mala distribució i de com era cara i de la Font de l'Horta; aquella que es veu que abans era tan bona i hi anaven amb càntirs i tot i ara, com que la van tapar, mai més no se n'ha cantat ni gall ni gallina.

Tots callaven quan sortia la Ritxi amb bata blanca i talons alts i deia: «Passi el següent!» I el següent passava, una mica esporuguit, però content de ser ell el cridat.

Així que anaven a començar de nou la xerrameca, entrava del carrer un home amb ulleres semblants a les meves.

—Qui és l'últim? —preguntava. I l'últim s'assenyalava el pit una mica descansat de no ser-ho ja.

Al cap d'un moment l'home de les ulleres encetava a parlar del país, però no el seguien, que això només s'ho saben els de dalt i que hi hagi salut i feina... i anar tirant... I llavors ell obria un diari i hi passejava els ulls envidrats tot movent el cap, perquè es veu que no hi havia el que buscava o el que hi havia no li anava prou bé... I ara tocava el torn de dir mal dels cotxes aparcats a les voravies i de les motos de trial que s'enfilaven per la costa del Bartrolí espetegant com esperitats.

Què devia voler dir esperitats?

Tot d'una vaig recordar que l'Antoni ja devia haver sortit de la cambra de bany i em vaig alçar bo i acomiadant-me de la clientela:

—Passi-ho bé tothom!

I amb quatre gambades vaig ser a la galeria, on el meu germà té el seu camp de batalla, i allà el vaig trobar que prenia el sol. Quan em va veure, va arrufar el nas.

—Què em volies demanar?

—Escolta Tonet. Tu ahir no em vas regalar res.

—No pas poc! —saltà enfurismat—. La caixa de les eines la vam pagar entre tots.

—No cridis... El que et vull demanar no et costarà ni cinc.

—Explica't, però no et facis pas il·lusions.

—Mira, he pensat que tu tens la bicicleta molt tronada

moto show
moto cross

i a més et fa nosa. En canvi, a mi m'aniria de primera per... per una pensada que he tingut.

—Una pensada?

—Sí. En faria un ventilador.

Va obrir uns ulls així de grossos.

Jo sabia que, en el fons del fons, l'Antoni tenia la bici avorrida i que el que ell volia era una moto, però el pare, que se sap de memòria tots els paladars de Vilaxiroia i ha vist moltes dents trencades a la carretera, feia l'orni i no la hi volia comprar.

—Si em dónes la bici jo parlaré amb el pare i li diré que et compri la moto.

—Oi, el cas que et farà! Però explica'm això del ventilador. On l'has de posar?

—Al taller que tenim tota la colla. Ens hi morim de calor.

—Ja m'agradaria de veure'l, aquest taller que sempre dius que teniu!

—Oh, d'aquí uns quants dies, quan ho tindrem tot a punt i tothom sàpiga...

—Sàpiga què?

—Bé, ja ho sentiràs a dir...

—Carat, que en sou de misteriosos! I ara que hi penso: es pot saber què hi fèieu ahir al matí a l'Ajuntament?

—Apa!

—No m'ho neguessis pas. M'ho va dir un ocellet que us va veure.

—Doncs ni tu ni l'ocellet sabreu res més per ara.

—I encara em goses demanar la bicicleta!

Jo em vaig treure les ulleres per plantar-li cara:

—Escolta Tonet: tot això és una qüestió que a tu ni et fu ni fa i convé que sigui secreta per uns quants dies. És quelcom molt seriós i que pot canviar la cara del món.

—Bufa! I a mi ni em fu ni em fa... No sóc del món, jo?

—Vull dir que, diguis el que vulguis, jo per ara no obriré boca i els meus amics tampoc.

Ell va rumiar una estona tot mirant enlaire. .

—Mira nena —s'engegà tot d'una—, tu parla amb el pare

de l'afer de la moto. Si el poguessis convèncer jo et vendria la bici per pocs calers.

No hi va haver res més a fer. El meu germà, a més de ser tossut com una mula tossuda, sempre mira de treure profit de tot. Ja tenen raó, ja, que està a l'edat del pa tou!

Jo hauria volgut desmuntar la bicicleta aquella mateixa tarda, ara que tenia tan bones eines, i comprovar tot el que em podia fer falta per fer el ventilador que m'havia empescat. Perquè tota la colla s'haurien quedat bocabadats si jo els hagués pogut presentar l'invent ja mig fet, i, a més, m'hauria estalviat explicacions.

Per començar hauria tret els pneumàtics de les dues rodes. Llavors hauria desmuntat la roda de davant i hauria deixat la de darrera fixa, però sense tocar a terra, de manera que pogués fer de pedal. La de davant l'hauria penjada al sostre del nostre taller ben guarnida amb branques de pi, i l'altra a terra i amb un cordill continu i creuat que passaria per les llantes de totes dues. Així quan pedalaries sobre la roda de darrera rodaria també la de davant deixant anar un ventet fresc...

Tot ho tenia previst. Al taller ho podríem anar fent per torns. Mentre tots treballeríem, un faria vent a força de pedalar... cinc minuts cada u, per exemple.

Me'n vaig anar a la meva habitació a dibuixar aquella idea lluminosa i mentre ho estava fent va entrar la mare.

—Cati, trobo que hauries d'escriure a l'Eulàlia.

—Passa alguna cosa?

—No passa res, però ella et va trucar ahir i tu li podries explicar com va anar el dia i així faries pràctica. Primer fas un esborrany i l'Antoni que et corregeixi les faltes.

—Està bé, mare... —vaig suspirar.

A mi m'agrada molt més dibuixar que escriure per això tota la meva familia se les pensa totes per fer-me practicar i tots vinga a dir que faig faltes i tinc mala lletra...!

«Estimada Eulàlia: Ahir va ser un dia divertit de debò, però avui ja tot torna a rutllar com sempre.»

Li vaig anar explicant fil per randa tota la història i a poc a poc m'hi vaig anar engrescant. Ben mirat, amb ella, que viu tan lluny, jo no havia de tenir secrets i li podia contar tots els nostres plans.

«Saps, Eulàlia, que amb els meus amics tenim un taller molt especial?

»T'explicaré com el vam descobrir:

»Era la darrera setmana que anàvem a l'escola i una tarda, en sortint, havíem anat a acompanyar en Miquel Llombregueres al cementiri de cotxes que guarda el seu pare. Com que aquest, vist de lluny, semblava un home seriós i una mica tristoi, nosaltres no gosàvem entrar en aquell lloc tan estrany i sempre ens esperàvem a fora i només de tant en tant trèiem el cap per espiar aquells munts de ferralla rovellada que hi ha al cementiri.

»Així va ser com en Jordi Ruvinyols, fent cancaneta sobre les mans d'en Maurici, va descobrir la nostra furgoneta allà dins.

»Te'n recordes, Eulàlia, de la furgoneta que ens portava al parvulari quan érem petits?

»Era blanca i tenia ànecs pintats als costats i herba també pintada i brots i margarides, i a dins hi havia dos bancs travessers on sèiem tota la colla.

»Feia olor de taronja i de pipí i allà dins havien passat coses ben divertides. Una vegada m'hi vaig estripar la bata i, com que em vaig posar a plorar, la senyoreta Gurrans que ens vigilava, me la va cosir un cop vam haver arribat a l'escola. A la Matilde un cop se li tombà el cabasset i li va rodolar el iogurt per terra i un nen que es deia Ferran Colleg hi va posar el peu al damunt i el va esclafar. Ella també va plorar tot el camí. Si en fa d'anys, d'això!

»Doncs, com et deia, aquella furgoneta era allà, al cementiri, una mica més vella, és clar, però encara feia força goig i s'hi veien els mateixos ànecs i tota la colla estàvem admirats. No en vulguis més de comentaris i de records i de ganes de veure-la de prop i de tocar-la si podia ser!

»No cal dir que així que va sortir en Miquel d'allà dins li vam dir entusiasmats el que havíem descobert i ell també l'havia vista i ens va explicar que l'havien descarregada aquell mateix matí i que el seu pare la vendria per peces.

»Ens vam quedar més mústics que una escarola mústiga.

»—Ara que l'hem trobada! També és mala sort! —comentàvem tots.

»—Potser el teu pare... —em vaig atrevir a dir a en Miquel—. Tractant-se d'una cosa així... Vull dir que si no l'atabaléssim gaire... qui sap si ens la deixaria veure per dins, demà, de dia, per exemple...

»En Miquel es va comprometre a preparar el terreny explicant l'assumpte al seu pare.

»I tot va anar com una seda.

»Perquè aquell home, vist de la vora, no semblava ni tan trist ni malhumorat i fins i tot, sentint les nostres exclamacions, reia una mica per sota el nas.

»Com que parlant la gent s'entén, amb el pare d'en Miquel, que es diu Quel per anar més de pressa, vam arribar a un acord. Com que començàvem les vacances d'estiu ens llogaria la furgoneta, ja parlaríem del preu més endavant. Només calia que els nois li donessin un cop de mà si havia de desfer alguna peça complicada i que les noies li escombréssim el cobert de tant en tant... o a l'inrevés, va fer en Miquel, mirant-me, que hi ha noies que saben prou de mecànica! També ens digué el guarda que tots plegats podríem fer gresca un cop tinguéssim la feina enllestida.

»Ja et pots imaginar quins salts i quins alegrois i també quina feinada ens esperava, perquè cal dir que la furgoneta era força tronada i per posar-la a punt caldria treballar-hi de valent i fer-hi moltes obres, perquè, ja que ens havia caigut del cel, teníem la intenció de fer-la servir de taller, que de tot el curs que portàvem de cap una colla de projectes que t'hauré d'explicar un altre dia perquè veig que se m'acaba el paper i, a més, la mare em cridarà tot seguit perquè vagi a parar taula.

»Així que fes molts petons a en Quico de part meva. Molts també per a tu i fins un altre cop!

Cati.»

T45
2479

B4321
L4231
80
CIBIE
ROLLSROYCE
SHELL
GB

L'Antoni, de la porta estant, em preguntava si ja havia parlat de la moto amb el pare.

—Una mica de paciència noi! —vaig sospirar fastiguejada.

—Cati, deixa la carta, renta't les mans i para la taula! —em deia la mare des de la cuina.

Recargolins, que tots plegats es pensen que jo sóc una màquina!

Per acabar-ho d'adobar, en aquell moment em va trucar en Jordi Ruvinyols per parlar-me del fil elèctric que havíem de menester, i es veu que, mentre jo parlava per telèfon, la mare va dir a l'Antoni que repassés el que jo havia escrit i posés punts i comes allà on calgués. Ell va anar llegint mentre mastegava olives i així es va assabentar d'on teníem el taller i tota la pesca.

A mi ja m'havia passat per alt que tot allò ho havia de llegir ell. Mireu que en sóc, de despistada!

Encara sort que no havia tingut temps d'explicar els nostres projectes a l'Eulàlia i, ben mirat, l'Antoni només sabia que teníem un taller molt especial.

PASTES DE SOPA RUVINYOLS, S. A.

En Jordi Ruvinyols m'havia dit per telèfon que l'endemà podíem anar a buscar els vint-i-set metres i mig de fil elèctric a la fàbrica del seu pare i que li dictés les altres coses que ens feien falta, que també mirarien de trobar-les.

Ens calia, a més del fil, un endoll, un portalàmpares, un interruptor, una bombeta i una capsa de claus de ganxo per fer aguantar el fil al llarg de la paret, des del cobert del guarda fins a la nostra furgoneta.

Semblava que a la fàbrica de sopa tenien de tot això i el pare Ruvinyols estava molt ben disposat a donar-nos-ho, perquè havia trucat a en Quel guarda i aquest li havia dit que no es preocupés per nosaltres, que no ens enramparíem pas.

Sort en tenim, del pare d'en Miquel, que cada dia que passa ens ajuda més i encara que no sap ben bé a que juguem, veient-nos esta content.

I és que fins ara, per la poca claror que entra dins la nostra furgoneta, només podíem treballar a les hores que hi petava un sol que hi podies fer ous ferrats, i com que ja se sap que a l'agost a les set ja és fosc, quan no hi feia calor no hi guipaves res.

Vàrem haver de rumiar una solució perquè fer plànols i maquetes a les fosques és més aviat empipador.

Una tarda ens vam asseure tots als bancs d'allà dins per parlar-ne tranquil·lament, mentre la Joana ens feia vent fent giravoltar una escombra.

De primer, això d'instal·lar un llum elèctric al nostre taller ens semblava una cosa força complicada. Potser caldria anar a fer una visita a la Companyia en hores d'oficina i demanar un permís, i prou sabíem que la Companyia era el Passeig Vell, però no ens feia cap gràcia d'anar-hi. Ben segur que ens farien pagar el permís i nosaltres acostumem a no tenir-ne mai ni cinc. Ens voldrien encolomar un comptador... ens preguntarien què hi fèiem allà dins, qui era l'amo del pis, ai, vull dir del taller... en fi, massa problemes.

En Maurici, que a vegades sembla del temps de la picor, deia que potser amb espelmes també faríem i no sé qui parlava de llums de piles.

Ja es veu que els en vaig haver de dir quatre de fresques.

On s'és vist que una gent que vol arreglar el món faci servir uns mitjans tan passats de moda!

Mentre tots rumiaven de valent tot esgarrapant-se el clatell, jo vaig treure el nas per la finestrella i vaig mirar cap al cobert del guarda, que és un tros més enllà.

—Veig que el teu pare té una bombeta al seu cobert, oi Miquel?

Tots van mirar cap allà també.

—És cert.

—Dóna'm el metre, Matilde.

Del cobert a la furgoneta hi havia vint-i-quatre metres, comptant que el fil hauria de passar arran de la paret, i tres metres i mig més perquè poguéssim fer córrer amunt i avall la bombeta un cop instal·lada, i ja estava solucionat!

—Sí, això està molt ben pensat, però d'on treurem tants metres de fil?

—Oh, i la bombeta?

—I ja ho voldrà el teu pare? Deu ser ell qui paga els rebuts.

—Sou uns arronsats! —vaig haver de cridar.

—Oh, tu ja ho dius, però què li direm? Que carregui la nostra part al preu del lloguer?

—Sí, sí, el lloguer... —somicava un altre valent—, només faltaria que ens el volgués cobrar. Estaríem ben lluïts...

Tots aquests problemes els vaig arreglar jo tot seguit:

Mentre el guarda anava desmuntant rodes jo em vaig posar a parlar del temps com solen fer els clients del pare. Després vaig fer com qui es fixa en la seva boca.

—Sembla que teniu les dents molt fortes, oi Quel?

Ell va fer que sí una mica sorprès per la meva sortida.

—...però si mai heu de menester un bon dentista només heu de fer que dir-m'ho. El meu pare us farà la feina a preu d'amic.

En Quel va riure i em donà les gràcies a l'avançada.

Jo, entretant, li anava allargant les claus que li calien per desfer els cargols i feia rodar les rodes que ell treia portant-les així fins al pilot. Quan vaig veure que l'home estava de prou bona lluna, vaig començar a parlar del que convenia:

—Sabeu què hem pensat, Quel?

I a poc a poc vaig anar descabdellant la idea i, al capdavall, ell em recordà que també necessitaríem un endoll i un interruptor.

Aquella resposta volia dir que allò estava llest i resolt i que ja només caldria trobar el material.

Vaig fer un salt i vaig engegar un visca que es degué sentir de la furgoneta estant!

Tots els meus amics van rebre la notícia amb un gran rebombori i només els pessimistes de mena van dir que sí, que molt bé, però que d'on trauríem el fil.

Llavors en Jordi Ruvinyols, molt solemne, va demanar la paraula.

—Digues.

—A la fàbrica del meu pare, i a la secció de manteniment, que en diuen, jo he vist molts metres de fil elèctric d'aquest que dieu.

En Jaume es veu que també els havia vistos i va fer que sí amb el cap.

—I on voleu anar a parar?

—Home, si us sembla li podem dir al meu pare...

—Oi tant que sí! I ens el donaria?

—Per provar-ho... Haurem d'explicar-li per a què el volem.

—Malament rai! —féu en Jaume—. La mare tindrà por que ens enrampem.

—Tu deixa-me'ls per mi.

—Quan hi parlareu?

—Avui o demà. Segons l'humor que corri.

Es veu que va venir just que no la vessessin, perquè com que en Jordi té la llengua tan llarga, sembla que va començar a animar-se a l'hora de sopar contant amb pèls i senyals la troballa de la nostra furgoneta, cosa que tots nosaltres havíem decidit des del primer moment de mantenir en secret perquè els pares, i sobretot les mares, ja trobaven prou perillós que juguéssim en un cementiri de cotxes on, diuen, ens podem fer mal amb qualsevol ferregot rovellat. Compteu com patirien si sabessin que ens fiquem a dins d'una furgoneta que, ben segur, ells trobarien vella i atrotinada.

Doncs, com deia, en Jaume Ruvinyols anava donant puntades de peu al seu germà per sota la taula per tal de fer-lo callar quan convenia.

Fet i fet, al senyor Ruvinyols tota aquella història li devia fer gràcia, només que s'ho va voler pensar abans de donar-nos el fil i els endolls i tota la pesca, i sobretot va voler esbrinar més coses perquè, va dir, es feia responsable de la nostra seguretat i qui sap les històries. Va demanar el número de telèfon d'en Quel guarda i sembla que l'endemà al migdia la cosa va anar més o menys així:

Va marcar el número. Ring-ring...

—Miquel Llombregueres?

—Sóc jo mateix —contestà el pare amb veu de pare, és clar.

—Oi que teniu un noi que es diu així mateix?

—Sí. Hi voleu parlar?

—No cal. Mireu, sóc en Ruvinyols de les sopes i els meus nois m'han demanat fil elèctric. ¿Vós sabeu tot això de què va?

En Quel li devia dir que sí, que coneixia els nostres plans i que no patís que ell donaria un cop d'ull a la part tècnica. Segur que llavors es van dir allò de molt de gust, eh!... i ja ho sap, a disposar... i apa, tots contents.

Els germans Ruvinyols anaven estarrufats des que sabien que el seu pare ens donaria el fil, i a vegades es feien dir sí senyor i tot. Per això, tan aviat com van saber que ja el podíem anar a buscar, en Jordi em va trucar per telèfon i jo a tots els altres.

La fàbrica de les sopes és una mica avall, cap al final del carrer dels Rodellaires i a la porta té unes lletres molt grosses que posen RUVINYOLS, S. A.

El porter es veu que ja ens esperava i, a més, com que anàvem amb els nois de la casa, ens va deixar entrar sense fer escarafalls.

Un cop a dins, vam travessar un pati on se sentia molta olor de farina mullada i vam entrar en un despatx. En Jordi ens feia de guia.

—El pare té el seu despatx a dalt, i no us penseu que sigui com aquest, almenys en fa dos... Per aquí davant entren els camions amb els sacs de farina... les nostres pastes són molt bones. S'exporten a l'estranger i fins i tot van tenir un premi...

—Noi, t'expliques com un llibre!

—La farina va directament a la primera nau i...

Sort que va entrar el seu pare, perquè ens hauria posat un cap com un timbal.

—Bon dia tinguem.

—Bon dia.

—Pare, aquest és en Miquel.

—Molt de gust.

—I aquesta la Joana.

—Hola noia.

—I la Cati, en Maurici i la Matilde.

El senyor Ruvinyols va anar donant la mà a tothom i va fer un senyal al porter.

—Digueu a en Miralles que emboliqui el rull i el que fa falta. I bé, nois, potser us agradaria de veure el procés de fabricació? Us agraden els fideus?

Em penso que per tenir-lo content vam fer tots que sí.

Ens va dir que la fàbrica funcionava segons un model italià i ens va explicar com anava tot. Feien macarrons, fideus, galets, pistons, estrelletes, llavor de meló... A la secció d'empaquetament ho posaven tot en capses de vint-i-quatre bosses. Semblava mentida que hi hagi prou gent al món per menjar tanta sopa!

El senyor Ruvinyols ens en va donar una bossa a cada u de nosaltres i no cal dir que li vam donar les gràcies per tot i li vam dir que cada cop que menjaríem galets pensaríem en ells.

El porter ens donà un paquet embolicat que semblava una ensaïmada de Mallorca i tots vam enfilar el carrer dels Rodellaires, més contents que unes pasqües, i en Miquel s'emportà el paquet a casa seva perquè fins a la tarda no aniríem al taller a començar de fer la instal·lació.

Jo no vaig donar la meva bossa de galets a la mare perquè la tirés a l'olla. M'estimava més guardar-la per record i la vaig desar al meu escriptori i a dins hi vaig posar la clau del calaix gran on tinc ben desadets els papers que expliquen els tres primers projectes que el dia dinou han d'anar a parar a l'Ajuntament.

* * *

Quan l'últim pacient va sortir del consultori amb un queixal de menys, jo hi vaig entrar per parlar amb el pare.

Ell s'anava traient la bata i endreçava els trastets.

—Necessites alguna eina?

—No, però sí que voldria que em fessis un favor.

—Noia, si puc... Explica't.

—Hauries de comprar la moto que vol l'Antoni.

—Per a tu?

—No, per a ell.

—Ah! És que no té llengua, potser?

—Sí, però també té por.

—Digues-li que continuo rumiant-m'ho.

—És que fa molt temps que ho rumies... però vaja, està bé.

Quan l'Antoni em preguntà si havia complert l'encàrrec li vaig dir que sí, però que tingués paciència.

—Em puc emportar la bici?

—Si m'expliques què hi fèieu a la fàbrica Ruvinyols fa una estona...

—Recargolins!

—M'ho ha dit un ocellet.

—Començo a estar fins als nassos dels teus ocellets!

I el vaig deixar per impossible.

NECESSITEM UN GAT

Havíem quedat amb tota la colla que a la tarda ens trobaríem al Camí de les Canyes, primer revolt, per anar al taller amb totes les coses que calia portar-hi.

Jo vaig agafar unes quantes eines de les que m'havien regalat i, perquè no es veiessin tant, les vaig ficar dins d'una capsa buida d'ampolles de xampany. En Miquel portava el paquet del fil elèctric i la Matilde una gàbia d'ocells sense ocells que havia de servir per fer una maqueta.

El nostre taller no és gaire lluny del poble: després del Camí de les Canyes, travesses el pas subterrani de l'autopista i ja tens el cementiri allà a tocar. Abans d'entrar-hi et trobes amb un pi molt gros i allà, a l'ombra, és on solem fer plans, tot descansant.

Com que anàvem carregats i, a més, a en Jaume se li havia ficat una pedra a la sandàlia, vam fer rotllana entorn de l'arbre.

—Sabeu que ara, des que hi venim tan sovint, el cementiri ja no em fa aquella mena de rau-rau dels primers dies? —explicava en Maurici amb les mans el clatell i tot guaitant els núvols.

—A mi tampoc, només me'l fan els de persones —deia la Joana.

—Ens hem acostumat a veure esquelets pels quatre costats i fa de bon endevinar quin tipus i marca havien estat abans.

—Doncs a mi el que em fa és una mica de pena. Fa quatre dies que corrien com esperitats i, pobrets, s'han quedat ben parats.

—Però està bé que encara n'aprofitin peces, així els cotxes vius se'n poden servir i els morts no es deuen sentir tan morts.

—Amb les persones caldria fer el mateix...

—Què vol dir, Maurici, això de córrer com esperitats?

S'arronsà d'espatlles.

—Ho diu el meu oncle Enric i ell s'ho sap.

—Doncs un pacient de casa ahir va dir aquesta mateixa paraula: les motos de trial espeteguen com esperitats.

—A sí? Així ja sabem dues coses: els esperitats corren i espeteguen!

—La gent gran a vegades diu coses que et fan ballar el cap.

—Ja ho pots ben dir. I sort que si més tard hi penses pots preguntar a casa què vol dir això o allò. A mi l'oncle Enric no em falla mai.

—I d'on les treu tantes coses el teu oncle?

—Oh, diu que quan serveix la gent al seu bar, sempre està amb les orelles dretes. Sabeu què em va explicar ahir a la tarda? Doncs el que vol dir xiroia, que diu que és un adjectiu posat al nostre poble, que per això es diu Vilaxiroia.

—Però, i què vol dir?

—Alegre, contenta, trempada...

—Renoi que bonic! I qui devia ser el padrí de Vilaxiroia?

—Oh, qui sap! Deu fer anys i anys que la van batejar.

—Llavors tot devien ser flors i violes...

—Home, tant com això... més que res devia ser petita i tranquil·la, lluny de tot arreu perquè no hi havia carreteres, i menys autopistes!

—És clar, sense blocs de pisos i amb camps i el mar allà baix devia fer goig de debò!

—Potser caldria tornar-la a batejar.

—Se t'acut algun nom?

—Sí, Vilatristoia.

—Apa! Tampoc n'hi ha per a tant!

—Seria més apropiat Vila Leri-leri —digué en Jordi, fent un gest amb la mà que volia dir per anar tirant.

—També Vilafumoia, que de fum prou que n'hi ha.

—Doncs a mi Vilaxiroia ja m'agrada. Valdria més que, en lloc de canviar-li el nom, li canviéssim la cara.

—Tens raó, Cati, fer-la tornar alegre, feliç i trempada. Seria el millor, perquè el nom ja està bé.

—Si sabéssim com... —va fer en Jaume, desanimat.

—Mira, de mica en mica. Si les autoritats acceptessin les millores que ens hem empescat, prou que s'hi coneixeria.

—Oh, i les que podem anar fent...

—Sembla mentida la colla de coses que fan la guitza a la gent gran...

—I com que no tenen temps d'inventar res per adobar el món...

—A mi em fan rumiar de valent quan veig que, a més de tenir mal de queixal, passen tantes engúnies...

—Sobretot amb els cotxes. Fa temps que els cotxes els porten de corcoll.

—Sí, tant o més que nosaltres.

—Almenys nosaltres no ocupem tant d'espai!

—Quan construeixin les cases penjades segons el nostre sistema de...

—Psst! no cridis tant.

—...de grues especials, podran aparcar els cotxes a sota.

—No t'ho pensis pas! Volem aixecar les cases per protegir una colla d'insectes i tenir espais verds. No per convertir els baixos en garatges. Això ha de quedar ben clar!

—Doncs mira que si els carrers continuen plens com ara, també serà una llauna.

—Sabeu què rumiava jo l'altre dia? Mireu, era al vespre i el pare va haver d'aparcar a baix de tot del carrer de la Font de l'Horta perquè no hi havia lloc més a prop de casa. Va arribar de molt mal humor i amb la camisa xopa, perquè per acabar-ho d'adobar pel camí va fer una ruixada. Jo vaig estar tota la nit donant voltes al cervell per fer aparcaments a prop de casa.

—I què?

—Vaig trobar un sistema que podia haver funcionat, però tenia pegues i el vaig haver de deixar estar.

—I quin era aquest sistema?

—Mira, consistia a penjar els cotxes pel morro i de rodes a les parets llises de les cases, a prou metres d'alçària per no topar-hi amb el cap.

—I com s'aguantarien?

—Amb ganxos sortints i prou resistents, dos per cotxe, per exemple. Recordeu quan vàrem anar a Llaers amb la senyoreta Ester? Les cases tenien a les parets barres o anelles on ja fa anys lligaven els rucs i els cavalls; doncs ara amb els cotxes es podria fer igual.

—Els rucs eren fàcils de lligar, però els cotxes. Ja em diràs com els enfilaries.

—Els ganxos podrien anar aplicats a uns gats dels que pugen i baixen, o bé amb molles o imans... Això rai, fent-ho se n'aprendria.

—I on eren els inconvenients que has dit, Cati?

—Ja ho veuràs: els cotxes porten oli...

—Com les amanides.

—...i l'oli gotejaria sobre les voravies i les clenxes dels qui van amunt i avall... ja es veu a venir. Una cosa és que quan passi un ocell t'enviï una goteta, que dius mira, paciència... però que te l'enviïn una colla de cotxes...

—Tens raó —van fer tots, molt desinflats.

—A més —trobà en Jaume—, tants de penjats no sé pas si m'haurien agradat...

—I si per mala sort en caigués algun de tant en tant... que tot pot passar...

—Per això vaig deixar-ho córrer. Sobretot quan l'endemà el pare ja s'havia tranquil·litzat.

—Ara, no et pensis, Cati, que potser és una idea que es pot perfeccionar.

—Et sembla, Miquel?

—Noia, de més verdes en maduren!

Vàrem rumiar-hi encara una estona i després, cansats de descansar, ens vam espolsar les agulles de pi, vam agafar els trastets i cap al taller falta gent.

Quan vam entrar al cementiri, el guarda, en Quel, tenia un comprador que volia un clàxon o botzina, que és el mateix.

Tots dos anaven d'un cotxe a l'altre, provant-los, i es veu que cap no li anava prou bé. Nosaltres no en vam fer cas i vam anar de dret a la nostra feina i, sobretot, a descarregar-nos. Vam obrir de bat a bat les portes del taller perquè es ventilés i en Miquel anà al cobert a buscar un tros de cadena.

La nostra furgoneta només té una porta que s'obri i és la del darrera. És de dos batents i no tancava del tot. Per això volíem passar-hi una cadena i tancar-la amb el cadenat que en Miquel m'havia regalat, ja que si algú, a la nit, hagués tingut l'acudit d'entrar i emportar-se les nostres coses, ens hauria deixat amb un pam de nas i la nostra feina se n'hauria anat a l'aigua, i això sense comptar que el suposat lladre podia explotar pel seu compte els nostres invents i... vés-li al darrera.

Quan estàvem més distrets provant el cadenat i practicant amb la clau, vingueren en Quel i el client del clàxon.

—Hola jovenalla, segurament que vosaltres no feu res de la botzina que hi ha aquí dins, oi?

—No pare, no sabem ni on és.

—És que a aquest senyor li'n fa falta una i...

—Sí, sí, només faltaria, passin, passin.

Entre ells i nosaltres i tot el que hi tenim, allà dins no t'hi podies bellugar.

El client es movia arrossegant una cama, portava un bigoti negre i feia cara de no estar per orgues.

Per treure el clàxon havien d'arribar fins al volant i era més difícil del que pot semblar a primer cop d'ull perquè nosaltres havíem posat un tauló que tapava tota la part del davant i els dos seients, el del xofer i el de la senyoreta, perquè eren molt tronats i se'ls veien les molles. Aquest tauló ens feia de despatx i hi teníem un munt de coses.

—Si que és ple, això —va fer l'home del clàxon amb cara de fàstic.

—No s'amoïni, un moment de res i ho treurem tot. Som-hi, nois?

Vaig enrotllar uns dibuixos que eren la còpia del projecte número u, i els vaig passar a en Jaume i aquest a la Joana que els posà a fora. I així va començar la cadena: ara la peixera buida, ara els pots dels llapis... els regles de totes mides, el pitxer de flors, el calendari, el polvoritzador, el retrat dels nuvis, el setrill de l'oli per a les frontisses, el nivell d'aigua, les pinces d'estendre, el test dels alls, el càntir, l'espelma... i anar fent!

El senyor del bigoti feia anar el cap amunt i avall seguint les nostres coses. S'hi podia ben marejar!

Un cop tot fora, en Miquel i el seu pare van aixecar el tauló i just llavors la Matilde va fer un xiscle que ens deixà corglaçats i arrencà a córrer cap a fora, cridant com una boja.

—Una rata!, una rataaaa!

Amb l'esverament en Jordi es va entrebancar amb una escombra, topà amb un costat d'un banc i es va fer un nyanyo al cap.

La rata, més llesta que la Matilde, va ficar-se sota el seient esventrat sense dir ni paraula.

Cap de nosaltres no les tenia totes i la Joana tremolava. El senyor del clàxon va dir que a ell les rates com si res i que de jove havia fet un safari a l'Àfrica per caçar lleons.

—Esperem que no s'hagi menjat res del que busquem —va fer el pare d'en Miquel, més que res per distreure'ns de l'espant.

—Se'ns podia haver menjat tot el paperam dels projectes que fins fa poc hem tingut aquí —comentà imprudent en Jordi, mentre jo, amb un dit estés sobre els llavis el feia callar. Però el senyor del clàxon ja el va haver sentit.

—Paperam teníeu aquí. Quin paperam?

No sabíem com sortir-ne.

—Coses d'ells... —féu en Quel per treure'ns del compromís.

—Hauríem de tenir un gat —despistà també en Miquel.

Entretant ja havien tret la botzina després de comprovar que funcionava i tots nosaltres havíem sortit cap a fora per ajudar els accidentats: retornar la Matilde, que estava groga de l'ensurt, i fregar el bony d'en Jordi que, val a dir-ho, no es veia per enlloc.

—Veieu?, caldria que tinguéssim una farmaciola per a aquests casos.

En Jordi prometé solemnement que l'endemà mateix en portaria una. Buida, per això. L'ompliríem a poc a poc.

—I un gat, també ens cal un gat.

—Dels que pugen i baixen? —provà de fer gràcia en Maurici.

La Joana va explicar que al carrer del Clot Fluvià hi havia una casa que tenien una gata a punt de tenir gatets i que potser ens en voldrien vendre uno o, molt millor, donar-nos-el.

—I què en farem, d'un gat tan petit?

—Mira aquesta. Prou que creixen els gats!

—Però les rates que tenim aquí no poden esperar tant. Demà ho podem trobar tot rosegat.

—Sí, i gràcies que els tres invents acabats la Cati els té a casa seva, que només faltaria que el dia d'anar a l'Ajuntament...

—No ho vull ni pensar. Preguntaré al meu oncle si sap d'algú que tingui un gat en edat d'empaitar rates.

Els dos homes ja havien recollit el que volien i sortien de la furgoneta tot fent tractes.

—Això ja està —ens va dir el pare Quel—, si voleu ja ho podeu tornar a endreçar tot. Us hem fet molt d'enrenou...

En aquell moment l'home del clàxon es fixà en el munt de papers enrotllats que havíem tret a fora, n'estirà un i, molt encuriosit, el començà a desfer.

—Quina cosa més complicada... —digué tot donant-hi voltes—. Es mira així o així?

Nosaltres tremolàvem més que no ho havíem fet en tot l'hivern.

—Però nois, què és això que heu dibuixat?

—Bé... no res... Vol ser un quadre abstracte... —vaig provar de dir recordant els quadres del pintor Lluca.

—Però i el paraigua?

—Oh, mireu... ens ha sortit així...

—Vaja, en sabeu de dibuixar, nois.

Va fer un esbufec i se'n va anar sense dir ni adéu i arrossegant la cama.

—Heu vist quina cara? Sembla que li deuen i no li paguen —digué baixet en Maurici.

—Potser és un espia —xiuxiuejà la Joana.

—Jo també ho he pensat... Això de voler precisament el nostre clàxon... I el dibuix l'ha escorcollat de dalt a baix.

—És capaç de fer-ne una còpia...

—No tingueu por. Ni que sigui un espia, aquest cop no n'haurà pas tret l'aigua clara, però caldrà vigilar.

Una mica moixos, vam tornar totes les andròmines al seu lloc i, com que ja s'havia fet tard, no vam poder ni començar la instal·lació del llum. Caldria que l'endemà anéssim tots al taller matí i tarda i hi treballéssim de valent.

De tornada cap al poble vam assajar, com ja havíem fet altres vegades, la conversa que tindríem amb el senyor batlle el dia dinou i vam mirar de parlar com la gent gran perquè així segurament ens faria més cas.

ELS PROJECTES

Abans de ficar-me al llit vaig comprovar si la clau del calaix gran era al seu lloc i sí, no semblava que ningú l'hagués tocada.

Ben mirat, fins al dia dinou hauríem de viure amb la por al cos ja que només sortien entrebancs: un germà tafaner que semblava que ens seguia els passos, rates que corrien pel taller com si fos a casa seva i qui sap si un espia i tot!

Tot i així vaig apagar el llum tot fent-me el ferm propòsit de portar els projectes endavant costés el que costés ja que per fer-los havíem suat molt de mig curs ençà, i amb els ulls clucs vaig anar recordant com havia començat tot aquell enrenou allà pel març o l'abril... Encara teníem aquell estimat mestre, que es deia Romà però era de Caldetes; ell estaria ben content si fos a Vilaxiroia i sapigués el que fem, però... per setmana santa se'n va anar a Màlaga i el seu cotxe va xocar amb una palmera que hi havia, i encara hi deu ser, i com que es va morir no va tornar...

Un dia ell ens havia portat a tots els de la classe a veure com queda un terreny després d'un incendi i ens digué que entre els focs, la construcció i altres endergues ens quedaríem sense boscos i que ell hauria estat molt content si al món hi pogués haver cent formigues per metre quadrat. Nosaltres l'escoltàvem bocabadats i, tornant de l'excursió, vam començar a fer plans tot imaginant-nos el món tal com en Romà ens l'havia pintat. Tota la colla va començar a dir que, jo que sabia fer invents, perquè no inventava un sistema de fer viure formigues a la ciutat; i qui diu formigues diu cargols, aranyes, llagostes i romaní. Com que cada dia em preguntaven si ja m'havia empescat res i com que jo no volia que es pensessin que se m'havien acabat les idees lluminoses, una tarda vaig sortir a passejar pel poble tot mirant com es podia arreglar.

El que em feia més nosa eren les cases però com que fan falta perquè hi visquem les persones, no les podia treure i se m'acudí de penjar-les un tros amunt de terra, però, és clar, com hi entraria la gent...? A la nit penjades i de dia a terra? No, no, que aixafarien tots els animalons i plantes si, a les vuit del matí, i per mitjà d'un rellotge, les cases aterressin a poc a poc! Calia penjar-les per sempre i deixar els baixos asolellats, verds i ventilats.

Caminant, caminant, vaig arribar davant d'una casa de pisos que estaven fent en Pep Malitrau i altres paletes que es veia que ell manava i em vaig quedar mirant aquella grua immensa i em va semblar prou forta per aguantar enlaire tota una casa, que podria tenir forma de gàbia d'ocell amb tantes cares com volgués el client. El mateix peu de la grua podria fer d'escala i per allà podrien passar tots els tubs i conduccions que fan falta en una casa, i encara posar-hi testos amb flors.

Des de fora vaig veure que en Pep Malitrau es passejava per l'obra amb un plànol a la mà i m'hi vaig acostar.

—Escolteu Pep, me'l deixaríeu veure?

Es va quedar un xic parat, però m'hi deixà donar un cop d'ull.

—No ets de cal dentista Ridaura, tu?

—Sí. Quants pisos hi fareu?

—Vint-i-quatre.

—D'alçada?

—No. D'alçada sis i quatre per planta.

—Per què?

—Ho volen així els que manen —digué.

—En deveu fer moltes, de cases!

—Sí, tantes com me'n demanen.

—I no teniu por que se us acabi el món?

Va riure's del meu acudit i va començar á plegar el plànol.

88
88

—A mi també m'agradaria de projectar cases, però no pas com les vostres, Pep. Apa, adéu i gràcies.

El primer cop que vaig parlar a en Miquel de les grues especials s'hi va fer un tip de riure i em va dir que somiava truites, però aquella nit a casa seva, tot contemplant la gàbia del canari penjada dalt d'un pal, va pensar que potser la idea no era tan dolenta com això. Va fer un croquis i l'endemà el va portar a l'escola.

—Podríem fer una maqueta. De calcular les mides, si vols, me n'encarrego jo.

Vàrem rumiar les mides que hauria de tenir la casa-gàbia per encabir-hi tota una família.

—Tres habitacions, bany, cuina i menjador.

—Com a casa...

—Posats a fer —va dir en Miquel—, la gàbia hauria de giravoltar seguint el camí del sol i així s'estalviaria calefacció i llum.

—Això rai és fàcil. Només cal aplicar en algun lloc de la grua un programador com el de la rentadora automàtica que fa servir la mare.

Tots ho van trobar d'allò més encertat. Jo m'hi anava engrescant.

—També m'agradaria de poder recollir l'aigua de la pluja. Podria ser per mitjà d'unes canals posades al voltant de la casa i que vagin a parar al dipòsit de la dutxa, per exemple...

Ens hi vam anar entusiasmant i en Miquel, que sap més matemàtiques que ningú, va fer molts números després de prendre les mides de casa seva mateix i de fer-ne el que ell en deia la proporció. Després va fer un dibuix molt més amb cara i ulls que el primer.

Hi treballàvem els caps de setmana i, amb gàbies i paraigües vells, fèiem proves per anar solucionant els problemes. Algú va descobrir que, si feia vent, les cases balancejarien i si la família no s'estava quieta, potser també. Però això ho vaig resoldre jo només de mirar-m'ho. L'anella de la grua i el ganxo de la casa caldria que fossin ben massissos i quadrats perquè encaixessin bé i, si tant fort era el vent, la gent ja s'acostumaria a una mica de vaivé, que també n'hi ha als vaixells i ningú no diu res!

I quan ja teníem aquest primer projecte molt polit, vàrem parlar de presentar-lo a en Pep Malitrau perquè el fes servir.

—Perdrem el temps —deia en Jordi fent cara d'incrèdul—. En Pep és un bon paleta, això sí, però ha de fer el que li demanen.

—Tens raó, ningú no li demanarà el nostre invent, perquè ningú no sap que existeix.

També vàrem pensar de portar el nostre projecte al «Xiroi» que és la revista que surt cada quan pot a Vilaxiroia, i així tot el poble llegiria aquell sistema tan modern de construir que ens havíem empescat. Però un cosí de la Joana que hi estava ficat per fer els anuncis, li va dir que no ens farien cap cas i que no tenien espai per a coses així. De fet, nosaltres ja ens ho temíem, perquè, a més, la gent gran sempre sol trobar pegues a les novetats si no és que les inventa algun estranger...

Estàvem una mica desinflats perquè si ens havia sortit una cosa tan rebonica i no havia de servir per a res també era empipador... I rumiant, rumiant, hi vam caure: calia presentar tot allò a l'Ajuntament.

—No ens faran cap cas.

—Home, no hi perdem res per provar-ho.

—I si els ho enviéssim per correu?

Mentre estàvem amb aquestes cavil·lacions, va aparèixer en Lluca per Vilaxiroia.

Fillets de Déu, en Lluca!

Era pintor, feia cara de poca gana i li sobraven barba, camisa, pantalons i fins i tot sandàlies.

Va portar una colla de quadres que ell havia pintat i els de la comissió els van penjar en una sala de la Casa de la Cultura, i allà van quedar un mes perquè tota la gent els pogués veure. I sí, la gent es quedava amb un pam de nas davant d'aquell escampall de ratlles i puntets de colors i només algú molt valent va dir que li agradaven més els paisatges amb riu i cases de pagès.

Un capvespre, el mateix Lluca va explicar a qui ho volgués saber, què volia dir aquell garbuix tan estrafolari i es va escaure que jo anava seguint els visitants i com que estava morta de curiositat, no em vaig perdre ni un mot. Davant d'un quadre ple de piquets negres i blaus separats per una ratlla, el pintor va explicar que representava la Humanitat; els blaus, que eren poquets, podien veure el mar; els negres, que eren la majoria, no el podien veure mai perquè vivien terra endins.

Em vaig quedar d'una peça perquè només m'havien dit que hi havia blancs i negres i rics i pobres!

I a l'hora de sopar ho vaig explicar tot a casa i en Vicenç, potser per fer-se l'interessant, va trobar que sí, que en Lluca tenia raó i que hi llucava força i va engegar un discurs més o menys així:

«Un dels problemes més grans que té la Península és que és massa ampla i els del mig no veuen el mar ni per un costat ni per l'altre... i no veure el mar vol dir perdre's el camí que va cap al món... i els turistes, i els ports, i els vaixells i els tràfecs amunt i avall...»

Per sort, quan va arribar a aquest punt del discurs, el pare el va fer callar, perquè aquest quan comença...!

Però, òndia!, aquell dia, quantes idees m'havien donat entre els uns i els altres!

Me'n vaig anar al llit rumiant i, quan em vaig despertar, encara rumiava. Pensava sobretot en la pobra gent de Vilaxiroia que viu darrera l'Empedrat del Marxant i els havien aixecat blocs al davant i, per tant, no podien veure el mar. Per a ells vaig començar l'invent dels miralls giratoris sobre torres metàl·liques prou altes i que es poguessin dirigir de terra estant a gust del consumidor, vull dir de l'observador. Uns altres miralls posats a nivell dels ulls enfocarien els de dalt la torre portant les imatges a l'abast de la gent i així, sense cap molèstia, tothom miraria cap on li convingués.

Fins i tot els enfocats podrien fer senyals, posant-se abans d'acord, és clar, amb cintes de colors o coses així, i aquests aparells s'haurien d'instal·lar en els llocs que són de tothom i, no cal dir-ho, haurien de ser totalment gratuïts.

RASTISSERIA
TABACALERA
ESPAÑOLA
EXPENDEDURIA 495

ELS PROJECTES

Tot aquest projecte que es diu tan aviat el vaig explicar als meus amics, que també coneixien en Lluca, i, igual que el de les cases penjades, primer només hi trobaven que pegues, però la Joana va portar uns quants miralls de la seva perruqueria i vàrem provar de fer-los aguantar un tros amunt del pal d'una farola de la Plaça. Enfocant-los un altre mirall des de terra donava el resultat que jo havia previst encara que no es veia gaire tros enllà: les portes de l'estanc, uns balcons amb testos, el rètol que posa «Pastisseria», les branques dels arbres...

La gent de les botigues o la que passava en aquell moment es pensava que li fèiem la rateta i es quedava a mirar o ens feia un gest que volia dir:

—Ai, aquestes criatures... no en pensen cap de bona!

Vàrem fer més o menys el que havíem fet amb el primer invent: parlar-ne molt i rumiar a poc a poc i anar fent dibuixos cada vegada més perfeccionats, i així vam arribar al dia que ja teníem dos projectes a punt per presentar a l'Ajuntament.

I mentre rumiàvem el dia i l'hora, se'ns va acudir l'invent que feia tres, que són les màquines d'empaquetar fum.

I és que a Vilaxiroia hi ha unes quantes fàbriques que treuen un fum negrós per les xemeneies que, a més d'embrutar el cel, podien restar visibilitat al nostre sistema de miralls. Calia que el fum no s'escampés, sinó que anés a parar en unes capses expresses i que es tanquessin automàticament.

I vam tornar a rumiar i a dibuixar.

I el número tres també ens va quedar molt bé!

I estàvem animats a anar seguint per aquest camí, només que teníem una mica de por que la gent gran no ens trenqués les oracions amb alguna sortida especial i, com que jo el què volia era sortir de dubtes, quan els meus amics em van demanar què volia fer per celebrar el meu aniversari, jo els vaig contestar que anar a l'Ajuntament.

I cada nit em costava més d'adormir-me pensant en allò que havia de passar el dia dinou.

UNA ALTRA RELLISCADA

Tal com havíem quedat, a les deu del matí ja érem tots al taller i havíem descargolat el fil elèctric i l'havíem estès al llarg de la paret.

Jo, amb el tornavís del número dos, vaig enroscar els fils de coure entorn de les dues clavilles d'endollar mentre el guarda em mirava tot traient fum pel nas.

—No és pas el primer cop que fas aquesta feina, oi Cati?

—Oi tant que no! A casa faig d'electricista sempre que convé. Ara les volanderes de separació... ara el tap aïllant... Queda fort, oi? Apa!, anirem per mancgar l'altra punta del fil.

En Miquel ja l'havia fet passar per un forat de la furgoneta, que prou n'hi havia per triar, i l'havia penjat sobre l'escriptori. Entre tots dos hi vam amanir el portalàmpares i vam enroscar-hi la bombeta. Els altres clavaven claus ben repartits al llarg de la paret i a dos pams de terra per mor de la humitat, i a poc a poc hi anaven estirant el fil.

Un cop tot llest, en Quel va posar la clavilla a l'endoll del cobert i la Matilde va prémer el botó de l'interruptor i... una llum preciosa es va escampar per damunt del nostre escriptori i tota la furgoneta semblava d'un altre color.

Vàrem esclatar en aplaudiments i visques per a tothom i en Quel estava molt somrient, però ens va recordar que el llum caldria pagar-lo i que no ens el descuidéssim encès, que no estàvem per despeses inútils.

Mentre endreçàvem les eines, vam dir que, ara que teníem llum, calia que comencéssim a pensar en el gat.

Jo vaig proposar de fer allà mateix un rètol que digués

més o menys «necessitem un gat» i que el poséssim a la sala d'espera de casa. Però vaig haver de reconèixer que hauria estat un galimaties, perquè si algú l'hagués tingut l'hauria portat al pare o a la mare i, és clar, ells no en sabien res, de gats.

Semblava que la idea més bona era la d'en Maurici. Ell ens presentaria al seu oncle Enric del bar i entre tots li demanaríem si ens podia trobar un gat entre les seves coneixences.

Així que, ben comptat i debatut, vam decidir de trobarnos tots a les cinc a la Plaça Nova, on hi ha el bar, i fer els passos que convingués.

Des de la porta, en Maurici ens va indicar quin cambrer

era el seu oncle, que per cert no se li assemblava de res, portava americana blanca i un tovalló que li penjava de la butxaca dels pantalons negres, i anava amunt i avall amb una safata a la mà.

Ens vam arrambar a la barra i en Maurici anà a buscar-lo entre les taules.

—Veus oncle?, aquells són els meus amics —li va dir, presentant-nos de lluny estant.

El cambrer va mirar i va aixecar una mà per saludar-nos. Nosaltres sis vam fer el mateix, tots alhora i devíem semblar una filera de soldats.

Tot seguit el vam perdre de vista entre la clientela i ja feia un bon moment que érem allà quan va tornar en Maurici.

—Si volem que ens faci cas haurem de seure. Només està pels asseguts.

Amb prou feina, vam trobar una taula i, amb molta paciència, sis cadires. La gent ens mirava.

En Maurici, que allà se sentia com l'amo, va picar de mans un parell de cops i llavors sí, el seu oncle s'acostà, primer amb cara de cambrer i un cop més a la vora amb cara de sorpresa.

—Què voleu prendre?

—Només volem un gat.

—Servit aquí?

Esclafírem a riure, però el nebot el va agafar de la màniga i ja no el va deixar.

En un moment li explicà el problema, no pas tot, és clar. Nosaltres anàvem fent que sí amb el cap i l'oncle Enric es va fer càrrec perfectament de la situació. Va rumiar on hi podia haver gats i, com que els clients el demanaven, va tornar a desaparèixer.

Un cop es va apropar a la porta de la cuina i el vam sentir que preguntava:

—Ep noies, coneixeu algú que tingui un gat per donar?

Allà dins degueren començar a rumiar.

Va passar un altre moment i quan jo ja començava a perdre la paciència, van cridar en Maurici.

—Diu la Fela que passis.

Ell no s'ho va fer repetir i va entrar a la cuina.

—Potser sortirà amb un gat...

Tots teníem els ulls clavats a la porta.

Va sortir amb cara riallera i un paper a la mà.

Ens vam aixecar de la taula tots sis de cop.

—Ja està solucionat —obrí el paper—. Demà al matí un de nosaltres ha d'anar en aquesta adreça. És la casa de la cuinera. Té un gat i ens el donarà amb la condició que li continuem dient Xana.

—Deu ser una gata.

—Ens és ben igual, si es menja les rates.

Vam dir adéu i gràcies a l'oncle Enric i vam sortir a la Plaça.

—On cal anar?

—Al carrer Puigvassall 42, tercer.

—Això és a prop de casa —vaig dir perquè ho sabia.

—Doncs hi vas tu.

—I després què en faré de la Xana?

—Portar-la al taller de dret i deixar-la-hi.

—Saps si esgarrapa?

—Per què ho dius?

—Home, tu mateix!, si haig de portar-la fins allà té temps de deixar-me feta un sant llàtzer.

—Si tinguéssim un sac...

—I a dins d'un bidó de detergent ben tapat?

—Potser s'ofegaria.

—Això rai! Hi puc fer forats amb la barrina petita.

Va semblar que podia anar bé i vam començar a caminar, però un cop davant de la peixateria vam recordar que els gats, poc o molt, han de menjar.

—Comprem-li un parell de sardines?

—Qui té diners?

Tots estàvem igual: sense ni cinc.

Tot i això jo vaig treure el cap entre les cortines.

—Ramona, no tindríeu pas res per al nostre gat?

La Ramona em coneix perquè el pare li ha empastat no sé quants queixals.

Va buscar pels racons i embolicà alguna cosa.

—Aquí tens tot això, Cati. No sabia que tinguéssiu gat.

—O miri... va com va... Moltes gràcies i bona tarda.

Quan amb la Joana vam entrar a casa seva per mirar si tenien un bidó buit, la seva mare ens va dir que fèiem molta pudor i que no entréssim pas a la perruqueria que espantaríem les clientes, però tenia dos bidons i vam poder triar.

També el meu germanet Antoni, el noi del nas fi, a la nit no parava d'ensumar, i abans no aixequés la llebre el vaig portar a la meva habitació, i el vaig posar al corrent. Ell va deixar el pot amb el peix al replanet de la finestra perquè li toqués l'aire i em va estirar la trena com fa sempre.

—No podràs pas dir que no t'hagi ajudat a girar el món de banda!

I ens en vam anar a sopar.

L'endemà, tan bon punt va ser aquella hora en què ja han esmorzat les persones i els gats, em vaig presentar a casa de la cuinera amb el pot a la mà. M'obrí la porta una nena rossa pigallada que es veu que ja sabia perquè hi anava. Em va fer passar i de seguida em vaig sentir una cosa fina entre les cames. Rondaven tres gats i es veu que havien sentit l'olor del peix.

—Quin és la Xana?

—Aquesta del cap blanc.

—Ah, molt de gust! I els altres com es diuen?

—Sí mira, aquesta és la Xena i la negra la Xina.

—Totes són gates?

—No ho sabem, però és igual.

—I no hi és la teva mare?

—Sí, aplega roba al terrat. Vols que hi pugem?

—Com vulguis.

Va agafar la clau, va espantar els gats (o gates) perquè no sortissin i vàrem pujar escales amunt. Jo me'n vaig endur el pot perquè ja veia a venir que si el deixava me'l tombarien per abastar el peix.

La mare de la nena ni ens va sentir entrar al terrat: parlava sola, més ben dit, remugava enfurismada contra el maleït fum que es ficava pertot arreu, deia. Que no hi havia dret, vaja: que ella tenia molta feina per haver de rentar dues vegades els llençols... i tot era ple de volves greixoses!

A més de cridar, feia anar els braços com si espantés les mosques.

Quan ens va veure tornà a començar el repertori de queixes: El fum d'una fàbrica d'allà a tocar li embrutava la roba segons com bufava el vent, i com que el vent no avisa... a més, calia respirar cada dia i ves que devíem tenir uns pulmons fets unes cafeteres...

Jo estava meravellada de tot allò i pensava en el nostre projecte número tres, acabadet i a punt de presentar a les autoritats. És clar que jo no li ho podia pas dir, però veient la dona tan amoïnada, no em vaig poder estar d'explicar-li algun detall d'allò que per a ella seria tan bona notícia.

—No s'hi capfiqui més, senyora Fela. Aquesta fàbrica i les altres aviat instal·laran un sistema nou de xemeneies i no hi haurà fum ni per remei.

—I tu com ho saps?

—Miri... com li ho diré, el pare llegeix el diari —és ben veritat—, les notícies arriben... cregui'm que ho sé de cert.

—I vols dir que això que dius ho posaran a Vilaxiroia?

—Aquí i a tot arreu. Als fabricants els interessarà molt, perquè hem pensat... sí, vull dir han pensat que el fum es pot aprofitar.

—No sé per a què pot servir...

—Sí, és molt senzill, és una màquina que empaqueta el fum. Les xemeneies, fetes amb tubs metàl·lics, miraran cap avall, cap a unes capses que passaran buides sobre una cinta transportadora, s'ompliran i tancaran a gran velocitat i, apa!, cap al magatzem.

—I llavors què?

—Es vendran, perquè el fum barrejat amb aigua pot servir per fer pintures fosques... i tinta. Es vendrà sobretot a Xina que es veu que en fan molta, de tinta.

—I això serà aviat?

—Oh, per nosaltres rai ja podria començar!

—Per vosaltres?

—Vull dir... vull dir pels que hem de respirar això tan negre —manoi quina relliscada!

La dona s'havia calmat bon xic i la nena li va dir que jc hi anava pel gat. Mentre baixàvem cap al pis es veia que ella encara rumiava i jo m'adonava que havia parlat massa.

Un cop a dins em van explicar que els agradaven molt els gats, però que tres eren massa, i que la Xana era molt bona minyona i que no sabien si era gata i que si ho era potser algun dia tindria gatets.

La Xana, ella sola es ficà al pot buscant allò que feia tanta olor i jo ho vaig aprofitar per tapar-lo mentre deia a la Fela que no tenia diners per pagar-li i que moltes gràcies.

—Mira nena, essent una amistat de l'Enric del bar, d'això no cal ni parlar-ne i, a més, sabent el que m'has dit del fum empaquetat, ja em dono per ben pagada. Ho explicaré a tothom. Per cert, ho han inventat els russos o els americans?

Em vaig arronsar d'espatlles perquè era l'única manera de no dir cap mentida.

—És que si no ho posen a les fàbriques de Vilaxiroia em sentiran, ja ho crec que em sentiran!

Jo tremolava una mica, però elles es pensaven que era el gat que començava a bellugar-se.

Em van acompanyar fins a l'ull de l'escala i em miraven mentre anava baixant.

—Nosaltres no llegim el diari, si en sabessis res més i ens volguessis avisar...

Vaig fer que sí amb el cap i adéu amb la mà i me'n vaig anar cap al taller tan de pressa com si tingués piles a les sabates.

En Quel em va ajudar a obrir la porta i, amb totes les precaucions, vam deixar anar la Xana que sortí del pot molt esverada.

Vaig tornar cap a casa amb un sol que petava i molt desinflada. Teníem gat, però ja hi havia un altre problema. Gairebé sense voler, jo havia parlat massa aviat del nostre secret i la Fela estava tan contenta que segurament esbombaria la notícia; al bar, a la perruqueria, pel veïnat... tothom n'aniria ple i tota la colla dirien que ja estaven tips de callar i que jo semblés una mallerenga.

Aquella nit vaig somiar coses esgarrifoses:

L'home del clàxon resultava ser un espia pagat per no sé qui per prendre'ns les nostres idees.

Les rates rosegaven tots els projectes i havíem de tornar a començar de cap i de nou.

A Vilaxiroia es veien rotllanes de gent pels carrers explicant com serien les noves xemeneies i a l'hora de dinar la senyora del batlle contava l'invent a taula fent grans elogis dels països avançats que l'utilitzaven i quan el dia dinou nosaltres anàvem a portar els nostres projectes a l'Ajuntament, el batlle s'hi feia un tip de riure i deia que ja feia temps que allò ho havien inventat a l'estranger de no sé on i per postres ens feia pagar una multa per haver volgut prendre les idees dels altres...

Quan em vaig despertar el cor m'anava plof, plof, plof... com una màquina d'empaquetar fum!

CUES DE PANSA RADIOACTIVADES

El dia divuit, just el dia abans d'anar a visitar l'alcalde, em va passar una cosa ben extraordinària.

Vaig fer un invent sense voler.

Havíem sopat, igual que cada dia, i havíem menjat sopa, amanida, lluç i, per postres, panses.

Com que feia molt bon temps, el pare i la mare van decidir que, tot prenent la fresca, s'arribarien a veure un home que es diu Pau i és amic del pare, i havia tingut un accident.

En Vicenç llegia i l'Antoni feia el seu tros de carta a l'Eulàlia. Jo ja havia fet el meu tros també explicant a la meva germana el que havíem fet a la tarda: assajar i aprendre a parlar com ho fa la gent gran per tal que l'endemà ens sortís tot rodó.

Aprofitant la tranquil·litat que hi havia a casa, me'n vaig anar a la meva habitació amb la idea d'endreçar coses que sempre sembla que s'escapen de lloc.

Els calaixos del meu escriptori solen estar plens d'endròmines que, segons l'opinió de tothom, no hi haurien de ser. Són troballes que jo faig en els llocs més inesperats i que en qualsevol moment em poden servir per a les meves coses. En Ramon, el germà soldat amb aires de general, ja ho deia sempre que jo tenia vocació de drapaire. Però continuem...

Remenant al segon calaix de la dreta, va sortir un colador de cafè d'aquells de barretina de l'any de la picor. Tombant-lo, en van sortir tot de xinxetes de colors i un rellotge de polsera. M'hi vaig encantar perquè ni tan sols recordava que existia. Havia estat d'en Vicenç quan era petit.

Es veia que no marcaria mai més ni quarts ni hores, perquè li faltaven les busques.

Amb unes pinces li vaig treure la tapa del darrera, i una colla de petites rodetes dentades van aparèixer tan lluents que feia goig de veure-les.

M'ho vaig mirar tot sota el llumet de la tauleta i amb la lupa al davant.

Era ben segur que aquelles peces tan remenudes tenien ganes de bellugar. Semblava que m'ho demanaven.

Jo, amb la punta de les pinces, les anava empenyent una a una.

«Potser si tot això tingués una pila...» vaig pensar. I bé prou que sabia on trobar-ne una.

Vaig deixar el rellotge per anar un moment al menjador. Ara l'Antoni també llegia.

—Tonet, em pots deixar, si et plau, la teva calculadora?

—Si em plau? —va fer ell escamat—. Què has de calcular?

Els de casa no volen que digui mentides.

—Bé, calcular, el que es diu calcular... no haig de calcular res, però m'agradaria saber com és per dintre.

Ell va fer un gest que volia dir que ni parlar-ne.

—No t'ho pensis nena! Ets prou capaç de convertir-me-la en una màquina de retratar i ja en tenim. Gràcies.

—Només necessito la pila. Te la compro, si vols.

—La pila? I què en vols fer?

—I això a tu què et fa?

—Saps quant val una pila?

—Poca cosa. Demà se'n compra una altra i tots contents.

Però ell es va tornar a posar a llegir sense fer-me cas. Llavors se'm va ocórrer un sistema que no podia fallar.

—Ja ho sap la mare que sempre parles amb aquella nena prima que ven entrades al cinema de la carretera?

L'Antoni va fer un salt i se li va tancar el llibre de cop.

—Diantre de criatura! Encara em faràs perdre la paciència! No hi té res a veure, això, amb la pila!

—Res home, no t'enfadis. Era un parlar...

Se'm va quedar mirant i movent el cap amb ràbia.

—Bé, porta la calculadora i compte amb el que fas!

Al cap de cinc minuts jo ja tenia la pila i tornava a ser sota el llum del meu escriptori.

La pila no encaixava prou bé dins la maquinària del rellotge i no vaig tenir més remei que enganxar-la-hi amb xiclet com a solució de moment. Tot i així les rodetes no rodaven.

Vaig estar una bona estona pensant força desil·lusionada i ja ho anava a deixar tot quan, per casualitat, em vaig treure el mocador de la butxaca i van saltar damunt de la taula tot de cues de pansa del sopar.

Sempre he sentit a dir que donen bona memòria.

Les vaig estudiar amb la lupa agafant-les amb les pinces i acostant-les a sota el llum.

Aneu a saber si no estaven radioactivades!

Se'm va acudir de connectar les cues de pansa a la maquinària del rellotge i ho vaig fer amb molt de compte.

Es veu que fent tot això havia passat una bona estona i, encara que jo no els havia sentit, havien tornat el pare i la mare, de manera que, quan estava més distreta observant si aquella mena d'eriçó electrònic s'engegava o no, va entrar la mare a la meva cambra.

—No ets al llit encara! —va fer amb sorpresa.

Jo, perquè ella no veiés el que estava fent em vaig posar el rellotge al clatell i amb una mà el sostenia com si fos el meu posat.

I llavors em vaig adonar del gran invent que acabava de fer. Es veu que tota aquella maquinària de rellotgeria modificada i fent contacte amb les meves ulleres, darrera mateix de l'orella, produïa una mena de vibració magnètica als vidres que permetia de veure una cosa que no diríeu mai... Agafeu-vos fort! Els pensaments de la persona que tenies al davant.

La mare en aquell moment pensava:

«Aquesta noia dorm poques hores i acabarà malalta de tant rumiar.»

Els pensaments sortien del front i quedaven com en una pantalleta sobre el cap. Passaven a poc a poc o de pressa, segons.

També us podia fer pensar en els globus dels dibuixos dels contes.

De seguida vaig observar una cosa curiosa: Quan els pensaments eren tranquils es veien en blanc i negre i quan el pensador hi posava més entusiasme es tornaven de colors.

—No et preocupis mare, ara mateix tanco el llum i em poso a dormir —vaig dir tot dissimulant.

Ella em mirà amb bona cara i em va fer un petó.

—Apa, apa —va dir.

I llavors la pantalleta se li va omplir de colors, mentre pensava:

«I que espavilada que és la petita de casa!»

I així sortí de l'habitació.

De moment el descobriment em va deixar tan, però tan sorpresa que no m'acabava de creure que pogués ser veritat.

Em vaig treure les ulleres i amb molt de compte ho vaig deixar tot a sobre la tauleta de nit tapat amb el mocador.

Quan ja era al llit va entrar el pare.

—Bona nit, Cati. M'han dit que encara no dorms...

Em va donar un cop a la galta i s'assegué al costat del llit. Llàstima que jo m'havia tret l'invent i no podia veure què pensava.

—Com es troba en Pau?

Va arrufar el nas: pensament en blanc i negre, vaig suposar.

—No gaire bé. Li va caure un ferregot al peu i en té per dies.

—Els ferregots de vegades tenen males bromes.

Ell va riure, em posà la gira del llençol fins al coll, em va fer un petó i se'n va anar.

—Bona nit, pare.

Com que tenia moltes ganes que ja fos l'endemà per comprovar si la maquineta funcionava, em vaig adormir de seguida i d'una tirada, fins que va trucar el lleter.

Devien ser més o menys les set del matí. Dia dinou.

Sentir el timbre i fer un bot va ser tot u.

Em vaig posar la bata, les ulleres i la maquineta al clatell.

Amb la mà que em quedava lliure vaig poder agafar el pot de la llet i obrir la porta de l'escala.

—Hola petita. Que no està bona la teva mare?

—Psst, no parleu alt! Encara tothom dorm.

I el lleter pensava:

«Avui serà un dia de calor. Si no la bullen bé se'ls pot tornar agre.»

Era un pensament grisós.

I ja es veu, la màquina funcionava fins i tot amb els forasters.

Vaig posar la llet al foc i vaig tornar a l'habitació.

Asseguda al llit, vaig considerar tranquil·lament la nova situació.

Aquella troballa inesperada em podia fer molt de servei, però no podia anar tot el sant dia amb la mà al clatell i menys encara visitar l'alcalde amb aquella positura.

—Ai, la llet! —vaig córrer a vigilar-la sense màquina, és clar, i em vaig assegurar que quedés ben bullida.

Un cop apagat el foc vaig buscar un tros de goma de la que em poso per lligar-me les cues i, amb molt de compte, vaig enganxar la maquineta a les tiges de les ulleres i m'ho vaig posar. Quedava fort i no es veia.

Les cues desfetes em feien semblar més gran i els meus amics suposarien que m'havia pentinat així per anar on anàvem. Esperava que la mare tampoc no hi tindria res a dir.

Tot mirant-me al mirall vaig pensar que si el meu aparell magnètic tenia èxit i s'arribava a posar de moda, la gent hauria de tornar a portar barret o almenys cabelleres llargues per amagar-lo.

PROJECTES

VISITA A L'ALCALDE

Havíem quedat que ens trobaríem tots a la cantonada del Forn a dos quarts de dotze.

El primer dia jo havia portat els papers ben embolicats amb la tovallola de bany. Ara, però, ja no calia dissimular i portava una carpeta sota el braç, que sempre fa més patxoca, i procurava que es veiés el rètol que posa «projectes».

Al cap de cinc minuts de ser a lloc ja va arribar en Miquel.

—Hola Cati.

El seu pensament em va deixar una mica sobtada:

«Li està bé a la Cati el cabell deixat anar.»

I la seva pantalleta era plena de coloraines.

—I els altres?

—Ja ho veus, passen tres minuts i encara no han arribat.

—Quina colla de tortugues!

Ell donà un parell de tombs amunt i avall amb les mans a la butxaca i cara d'amoïnat.

—Ja ho portes tot?

—Sí, home, aquí dintre.

—Recordes bé el que has de dir?

—M'ho sé de memòria.

—Sembla que tinguis por.

—No t'ho creguis. Ja saps que no m'agrada gens que em facin esperar.

Tot d'una es va sentir tot de xivarri pel carrer de la Riera.

—Deuen ser ells...

—Sí que els són, ja veig en Maurici.

—...Vénen tots, sembla.

VISITA A L'ALCALDE

Ens hi vam acostar perquè es veia que en passava alguna. Corrien i xisclaven perquè un gosset de pocs dies els encalçava clapint.

—Mira, Cati, quina preciositat! —cridà la Joana així que ens va veure.

En Jaume l'agafà, se'l va pujar a coll com si fos una criatura i va arrencar a córrer cap a nosaltres.

Tots plegats vam rodejar l'animaló, que es veia que estava ben content per l'admiració que tots li demostràvem.

—On l'heu trobat?

—A la plaça de Correus quan baixàvem cap aquí.

—I què és festós!

—Mireu com llepa!

—Sembla que somriu, oi?

—Deixa-me'l a mi!

—Quina cua tan petitoia!

—Heus vist quin pèl més fi?

Tothom hi deia la seva i hi posava la mà.

Suaven de la correguda i, per un moment, semblava que tots s'havien oblidat de la feina que teníem.

—Què en penseu fer?

—Com que jo l'he vist primer, emportar-me'l a casa —va fer la Matilde.

En Jaume va fer mala cara i, per la seva pantalleta, es va veure que pensava:

«Aquesta noia només pensa d'arreplegar!»

I els altres, més o menys, pensaven el mateix i van començar a protestar.

—L'hem vist tots alhora; ha de ser de tots.

—Però aquest gos deu tenir amo —va suposar en Miquel, carregat de raó.

—Ben segur, però no sabem qui és.

—El millor és portar-lo a l'Ajuntament.

—De passada que hi anem...

— O donar-lo a l'alcalde.

—Apa! Potser s'enfadaria.

—No veig per què. Un gosset tan bufó fa il·lusió a tothom.

—Però els alcaldes altra feina tenen...

OBERT
LI ESTÀ BÉ...

Vam decidir d'emportar-nos-el i després de la visita ja veuríem què en faríem.

La Matilde pensava que érem una colla de ximples i que ves què ens costava de donar-li el gosset... ella que no tenia germans!

Caminàvem a poc a poc i consultàvem els rellotges. Faltaven deu minuts.

Un cop el gosset va fer un lladruc i vaig veure que, damunt del seu caparró, apareixia la imatge d'un platet amb un líquid blanquinós que segurament era llet.

—Aques gos té gana.

—Com ho saps?

—N'estic segura. Caldria donar-li llet.

—No sé d'on vols que la traiem ara.

—Porteu diners?

Tothom va butxaquejar.

—A veure, quinze... setze. Disset pessetes, no n'hi ha per a res.

—Home, per a un got de llet, sí.

Vam entrar en un bar molt bonic que hi ha al costat mateix de l'Ajuntament.

En aquella hora era buit i el cambrer en veure'ns va pensar en blanc i negre:

«Ara aquesta colla de criatures m'embrutaran el terra tot just acabat de fregar, i tot plegat per res.»

—Què voleu? —va preguntar.

—Un got de llet per al gos.

Li quedà la pantalleta negra perquè va pensar, decidit: «I un rave!»

—No, res de raves que no li agraden pas, i no li embrutarem el terra acabat de fregar i si ho féssim per mala sort, ja el netejaríem.

Va obrir uns ulls com préssecs de vinya i se'm va quedar mirant.

—...Si jo no he dit res d'això...

—Però ho ha pensat. No ho pot pas negar. Posi'ns un gotet de llet si li plau. Si és amb sucre millor, i no cal que l'escalfi.

Va anar-se'n a preparar-lo.

—Ai, Cati. Dius coses estranyes, què no et trobes bé? —va preguntar en Maurici mentre tots em miraven amb cara de llàstima.

—Jo ja m'entenc i ballo sola. Em trobo més bé que mai.

El cambrer va tornar amb un got ple damunt d'un platet. El gosset es llepà el bigoti.

Vam anar vessant la llet, a poc a poc, dins del plat i hi vam acostar el morro del goset. Ell agafava la llet amb la llengua i amb una pressa que donava gust.

—Ja us ho deia jo que tenia gana!

El cambrer mirava cap a la porta molt nerviós i pensava:

«Si ara entra l'amo, de segur que me la carrego.»

—No tingui por —vaig fer—, si entra l'amo ja dissimularem.

Va obrir uns ulls com préssecs dels més grossos i se'l veia molt apurat.

—Què li devem? —preguntà en Jordi.

—No res... no res. Ja és pa... pagat. Comenceu a sortir, si us plau.

Tot sortint vaig rumiar que, aprofitant l'invent, podíem alimentar, gratuïtament —prou que es veia— tots els animalons de Vilaxiroia.

Amb tot això gairebé ja eren les dotze i vam decidir d'entrar a casa de la vila. Valia més ser puntuals.

Vam buscar el guarda del primer dia i li vam dir que teníem hora. No va fer cap escarafall. Nosaltres, per si de cas, dissimulàvem el gos.

Pujàrem al primer pis i ens vam plantar davant de la secretària.

—Bon dia.

—Bon dia.

—Ja som aquí.

Ella va pensar en blanc i negre:

«Només em faltava aquest eixam, ara! Jo que ja me n'havia oblidat.»

—Tenim hora, si se'n recorda.

—Sí, sí... un momentet, el senyor batlle està reunit amb la comissió de la Festa Major. Vàrem quedar que es tractava?

—De projectes.

—A sí, de projectes. Aquí ho posa. Si voleu seure entretant...

Vam seure ben repapats al fons de la sala. Quatre en un

sofà verd i tres en cadires amb respatller. La Matilde aguantava el gos, i a sobre mateix teníem el mapa de tot el terme municipal de Vilaxiroia de Baix.

No vam dir ni piu en els deu minuts que durà l'espera.

Tot d'una es vam començar a sentir veus a la part de dintre d'una porta i aviat en van sortir uns senyors molt mudats.

—A reveure Joan, i truca'm si hi ha problemes.

—Jo parlaré amb el president abans del vespre.

—Tots els permisos estan cursats, estigueu tranquils.

Per les pantalletes d'aquells senyors corrien pensaments ben difícils d'entendre i que, com que jo no en sabia el fil, no podia aclarir.

Es van repartir encaixades i cops a les espatlles i finalment es quedà sol el que devia ser l'alcalde.

Llavors es va adonar de nosaltres i ens va somriure.

—Quin gosset més menut que porteu!

Això em va animar molt.

—Tenim hora ara mateix, de dotze a una.

—Hora per a què?

—Per parlar amb vostè. És el batlle, oi?

—Sí —i s'allisà el bigoti tot mirant la carpeta que jo portava.

—Si he utrobat alguna cosa ho podeu deixar a baix.

—No, no hem pas trobat res. És una visita per parlar.

Va mirar cap a la taula on hi havia d'haver la secretària, però es veia que la noia havia hagut de sortir un momentet.

Per la pantalleta del senyor batlle es va veure que pensava:

«Deu ser una mala jugada d'algú.»

—No s'ho cregui —vaig fer—. No és cap mala jugada ni ens fa venir ningú.

Es va portar la mà a la boca i va obrir uns ulls com havia fet abans el cambrer.

—És una qüestió que creiem important, per això volem que les autoritats n'estiguin al corrent —em va sortir tal com ho havíem assajat i en Miquel va fer un gest amb els dits que volia dir «perfecte».

Per fi, l'alcalde, cansat de mirar-nos de dalt a baix i d'allisar-se el bigoti, ens va fer passar al seu despatx.

Per sort era prou gran i tots set vam poder seure al voltant d'una taula tan polida que t'hi podies emmirallar. En Miquel i jo, tal com havíem previst, ens vam asseure al mig perquè ens poguéssim explicar millor.

—Bé, vosaltres direu.

Quan vaig obrir la carpeta, la mà em tremolava.

—Comença Miquel...

Ell va engegar més o menys com s'ho havia estudiat.

—Vostè no devia conèixer la Cati Ridaura, inventora i del poble, com tots nosaltres. Hem fet unes quantes coses que vostès podrien utilitzar i en portem els projectes molt ben explicats i dibuixats.

El senyor batlle, assegut a l'altre costat de la taula i jugant amb un boli pensava:

«Estic perdent el temps, però em diverteixo molt.»

Allò em va enfurismar.

—No veig per què està perdent el temps, ni crec que hàgim dit res divertit encara —vaig dir, molt mosca.

Ell va fer com una mena de saltiró i es portà de nou la mà a la boca. Se'l veia pensar:

«D'això en tenim la culpa els grans. Avui dia la canalla fa el que vol... tants drets, tants drets, no sé pas on anirem a parar.»

Va donar un cop d'ull als papers que li ensenyàvem i es va veure que no hi entenia res. Ni sabia per quin cantó calia mirar-los.

—I en què consisteixen aquests invents?

—Són tres per començar, el primer és per solucionar problemes d'espai. Hem trobat la manera de penjar les cases —va explicar en Miquel punt per punt, tal com ho tenia ben après.

«Em prenen el pèl», pensava l'alcalde.

—Res de preses de pèl! Ara ho veurà sobre el paper. Vostè deu saber que tot això de l'ordenació del territori i de l'ecologia és un problema dels grossos —em sortia clavat, i ell anava fent que sí.

—Aquest altre és un aparell que, en petit, pot servir per a Vilaxiroia, però més gros, per a tota la península. És tracta que puguin veure el mar els qui en són lluny.

Li vaig explicar amb tots els ets i uts tot el sistema de miralls giratoris. La pantalleta se li va tornar negra i després tot de cop vermella.

«Si això fos possible», va pensar, «em convindria l'invent per oferir-lo al Ministeri de Defensa.»

—I ara! Què vol dir amb això del Ministeri de Defensa?

El pobre home va encendre una cigarreta tremolant-li la mà de mala manera.

«Potser que cridés algú», pensava esporuguit.

—Aquest projecte que li dic l'hem pensat perquè la gent pugui veure el paisatge i distreure's. No permetrem que s'utilitzi per a res més... Només faltaria!

«No, no crido a ningú, potser tot això no és més que un malson», pensava mentre es fregava els ulls.

—Vostè mateix...

Així que s'hagué calmat una mica li vaig explicar l'altre projecte.

Va escoltar-me amb molta atenció, però es veia clar que estava nerviós i li suaven les mans.

Quan va sentir allò d'aprofitar el fum per compensar les despeses de les installacions va obrir i tancar els ulls no sé quantes vegades mentre pensava:

«Després diran que l'escola d'avui no funciona!»

Tota la colla anaven seguint el fil de l'entrevista, molt callats i sobretot molt sorpresos de les meves sortides. En Miquel no se'n sabia avenir i feia estona que m'havia deixat per impossible. Tot allò no s'assemblava de res al que havíem assajat —pensava.

Tot d'una, el gosset va llançar com un clapit. Me'l vaig mirar i vaig tenir un gran esglai: a la pantalleta que tenia damunt de les orelles es veia un altre gos aixecant la pota al costat d'una soca d'arbre.

—Aquest gos té pipi —vaig cridar.

Tots em miraren esverats.

VILAXIRDIA

—Com ho saps?

—No t'entretinguis, Matilde, porta'l al lavabo.

Ella es va aixecar amb el gos als braços i es quedà mirant l'alcalde. No sabia on eren els serveis.

Ell va prémer un botó.

Tot seguit entrà la secretària.

—Si li plau Montse, acompanyi el gos, vull dir la nena i el gos al lavabo.

Ella va fer passar la Matilde cap a fora.

—Bé, on érem?, ah sí!, dèiem allò d'aprofitar el fum per fer pintura...

Li vaig anar mostrant el procés punt per punt.

A estones tenia la pantalleta plena de signes d'admiració.

—Això ho podríem posar aquí mateix, a Vilaxiroia, a les xemeneies de totes les fàbriques...

Va tornar a entrar la Matilde amb el gos.

—Sí que en tenia, i molt!

«Aquesta noia deu ser bruixa», va pensar l'alcalde de mi.

—No, bruixa no. El que passa és que rumio molt i em donen moltes vitamines i com que veig que la gent gran no trobeu solucions...

Li tornava el tremolor i tota la colla ens el miràvem, esperant.

—Teniu algun altre... invent per explicar-me?

—Per avui no, però no pateixi que no ens aturarem pas aquí.

—I què voleu que faci jo amb tot això? —va fer com si no ho gosés preguntar.

—Donar ordres perquè es comencin a instal·lar.

Obria la boca per dir-nos alguna cosa i la tornava a tancar. Finalment engegà:

—Us haig de dir, perquè és veritat, que, encara que les vostres idees són admirables, serà difícil que ens en puguem servir.

—I això per què?

—Home... tot es fa a poc a poc i primer es prova...

Jo veia pels seus pensaments que volia fugir d'estudi i desanimar-nos.

—Però vostè ho presenta a les altres autoritats i ho comencen a provar.

—Potser seria la mateixa gent que no ho voldria. Si un senyor es vol fer construir una casa clavada de peus a terra, no el podem pas obligar que se la faci penjada. No hi ha lleis...

—Doncs se'n fan.

—Ja ho saben tot això els vostres pares? I els mestres? Ells potser us podrien ajudar.

—Ells? Ni pensar-hi. No són autoritats per a aquestes coses.

—Potser si tornéssiu per allà al setembre. Ara molts regidors estan fent vacances i...

—Senyor batlle; jo veig molt clar que el que vostè vol és desentendre's de nosaltres. No ho volia dir, però tant se val. També he inventat una maquineta que fa veure els pensaments de la gent.

«Ara m'ho explico tot!», va sospirar alleugerit.

Tots van fer un moviment de sorpresa.

—I no ens ho havies dit!

—És llarg d'explicar i qüestió de fa molt poques hores. No us enfadeu ara!

—I com és aquesta maquineta? —preguntà l'alcalde amb la pantalla plena de colors.

—Una mica complicada.

—No la puc veure...?

«...amb un aparell així jo estaria allà on voldria», pensava tot posant cara de noi golafre.

—Que li veig els pensaments, senyor batlle!

Es tornà vermell i no sabia com sortir-se'n.

Va encendre una altra cigarreta i bufà el fum cap al sostre. A mi no gosava mirar-me.

—Farem un tracte —va dir després de rumiar i amb ganes de quedar bé—. Us ajudaré tant com podré, perquè m'heu deixat admirat. Ho direm a tot el poble. Aprofitant la Festa Major podreu fer una exposició amb les vostres idees i dibuixos... Tindreu una sala de la Casa de la Cultura, tota sencera per a vosaltres sols. I quan tothom coneixerà els vostres projectes podrem fer un ple municipal per decidir què en fem.

Es veia que ell mateix s'ho creia i que s'hi entusiasmava a mesura que ens ho anava explicant.

Tots els de la colla somreien com si els expliquessin una pel·lícula.

—...I tu, Cati, em mostraràs la maquineta dels pensaments, ara?

De sobte vaig comprendre que això era l'única cosa que l'interessava de debò, i em va semblar que calia anar amb peus de plom.

—No només la hi mostraré, sinó que li regalaré la maquineta el dia del Ple Municipal.

«No es fia de mi aquesta fura!», va pensar.

—I no em digui fura, que no m'agrada gens —vaig dir-li, més que res perquè s'assegurés que «allò» funcionava molt bé.

En Maurici va voler saber què era un Ple Municipal i el batlle, molt amable, ens va dir que era com una assemblea general de les que fem a vegades a classe, però de tot el poble i a l'Ajuntament.

—Demà mateix explicaré el nostre pla als de la comissió de Festes i als de la Casa de la Cultura. Caldrà anar de pressa. Demà passat podeu venir a buscar la clau de la vostra sala. No hi haurà cap pega. Ah!, i sortirà als programes. Feu tots aquests dibuixos en murals ben grossos i amb les explicacions que calguin.

Semblava entusiasmat de debò.

Tots ens vam aixecar i ens donà la mà d'un a un.

—No es descuidi de res.

—No tingueu por.

Sortírem del despatx amb cares alegres i la secretària ens mirava a tots i es mirava l'alcalde amb el cap ple de signes d'interrogació.

—Demà passat demaneu la clau a la Montse.

La Matilde, portada per l'alegria, va tenir un gest de gran generositat. S'acostà al senyor alcalde i li va dir:

—Li regalem el gos!

A ell se li va escapar una ganyota de poca gràcia i es féu una mica enrera, però jo me'l vaig mirar fixament i va canviar de cara.

—Ai, moltes gràcies —va dir, agafant-lo—. I com es diu?

—Encara no té nom. Vostè mateix el pot batejar.

—Li direm Projecte.

A tots ens va semblar molt encertat i vam sortir de la Casa de la Vila més contents que unes pasqües.

EXPOSICIÓ I PLE MUNICIPAL

Saltàvem els graons de quatre en quatre i sort que, tard com era, ja no hi havia el guarda, que si no...

Un cop al carrer, la gent es parava a mirar-nos i no entenia què ens podia passar que féssim tanta gatzara.

De sobte, en Jaume, que no hi veia de content, em donà un cop al clatell per felicitar-me i... ai!, la maquineta va caure i va rodolar tres o quatre metres enllà, escampant-se totes les peces.

—Ara sí que l'hem feta bona!

Es van quedar com qui veu visions i els ho vaig haver d'explicar tot, de cap a peus.

Van respirar tranquil·litzats perquè es pensaven que jo, de tant empescar-me coses, m'havia tornat un xic lirona i que per això a vegades en les converses sortia amb estirabots.

Com que allò ja no tenia remei i l'alcalde es podia fer enrera si no hi havia màquina de veure els pensaments, vam decidir allà mateix que guardaríem el secret. De fet, ja no venia d'un, i prou acostumats que estàvem a guardar-ne.

En Miquel va trobar que era millor que la maquineta s'hagués espatllat, perquè hi ha invents que poden millorar el món, però n'hi ha d'altres que no se sap.

I llavors va seguir una gran xerrameca a les nostres cases per poder convèncer els nostres parents i amics en general, que no es volien creure que havíem inventat coses que interessaven les autoritats.

Sort que els programes de la Festa Major van sortir molt aviat i, tal com havia promès el senyor batlle, parlaven de la nostra exposició ocupant-ne tota una pàgina:

FESTA MAJOR DE VILAXIROIA

INVENTS A LA NOSTRA VILA

Una colla de nois i noies de Vilaxiroia es
proposen d'arranjar el món dels grans

EXPOSICIÓ DE

PROJECTES - DIBUIXOS MAQUETES

pensats, dissenyats i realitzats per

CATERINA RIDAURA COSTA
MIQUEL LLOMBREGUERES GRANELL
JORDI RUVINYOLS SOLÀ
JAUME RUVINYOLS SOLÀ
JOANA LLORENS CROSES
MAURICI BARTROLÍ SERRA
MATILDE SERRULLER ARENAL

CASA DE CULTURA del 7 al 15 d'agost

NO HI FALTEU!

Hi haurà un ple municipal extraordinari a final de mes per decidir què es fa amb els projectes exposats.

La comissió

Els nostres familiars no ens deixaven tocar de peus a terra i més d'un ens va demanar perdó per haver estat incrèdul.

A casa vam enviar programes a l'Eulàlia i en Ramon per correu urgent i els altres de la colla van fer el mateix amb els seus parents de fora.

I per a nosaltres havia començat una gran feinada a la Casa de la Cultura, tanta, que gairebé no menjàvem ni dormíem. La sala que ens havia tocat, cedida amb molt de gust per la junta, era gran i clara, amb dues finestres que donaven al carrer de Clot Fluvià. Quan vam veure aquell bé de Déu de parets i prestatges, ens van venir ganes d'aprofitar-los, posant-hi també altres coses que teníem mig pensades com ara allò dels aparcaments, un sistema de senyalització sense pals a base de globus estàtics i unes antenes de televisió transparents perquè no fessin lleig a les teulades.

El pare Ruvinyols estava tan entusiasmat que havia dit als seus nois que si necessitàvem material per a les maquetes o algun tècnic especialitzat, només havíem de fer que dir-ho. I, de fet, aprofitant l'oferta, vam fer els canalons de desaigües de les cases penjades, amb pasta de sopa fabricada especialment i recoberta amb paper de plata.

Les planxes de fullola, el fuster vell no ens les va voler cobrar, i encara ens va dir que si havíem de menester la serra mecànica en podíem disposar.

Les finestres de les cases les vam fer de plàstic transparent que vam comprar.

L'oncle Enric ens va deixar ganxos dels que ell fa servir per penjar llonganisses i, fent-hi les modificacions del cas, ens van anar molt bé per penjar les cases.

Els ferros per fer les grues ens els va trobar el pare Quel, i la Matilde i la Joana els van fer lluents a cop de fregar, encara que després, ben guarnits amb testos de flors, tal com havia de ser en la realitat, els ferros gairebé no es veien i les casetes semblava que volessin sobre les branques verdes que vam plantar-hi a sota perquè fessin d'arbres i que no cal dir que regàvem cada dia.

Els miralls giratoris els vam fer tallar pel vidrier i, tot

RRRT
PROJECTE
Nº 1
PLANTA A
PLANTA B
Nº 1

DIPÒSIT
NS
N2
N3
PASTES DE SOPA EXTRA

i així, en Jaume s'hi va obrir un dit i va haver d'anar tot de temps apedaçat.

Com que el mecanisme era complicat i aplicar-hi un motor hauria estat costós, ens vam conformar amb una maneta que, girant-la, feia rodar unes dents de pinyó i aquestes els miralls de distància llarga, que són els de dalt, canviant el paisatge que es podia veure des de baix. En un mural a part, ja explicàvem que allò en la realitat hauria de ser molt gros, amb motors potents i tauler de comandament fàcil de manejar.

Un sistema semblant vam seguir per fer les maquetes de les empaquetadores de fum. La llàstima era que allà dins no n'hi havia, i també, en un altre mural, demanàvem als visitants fumadors que provessin l'enginy ells mateixos.

La cinta transportadora també anava amb maneta, i les capses eren llaunes de sardines buides i folrades tan bé que ningú no ho va descobrir mai.

Es tapaven per mitjà d'una altra cinta que rodava per sobre i si les obries al cap d'una estona el fum s'escapava, cosa que volia dir que allò rutllava prou bé.

El meu germà Antoni va desmuntar la bicicleta ell mateix perquè poguéssim col·locar el ventilador al mig de la sala (el pare, content com estava, ja havia accedit a comprar-li la moto).

Els de la junta ens van deixar vuit focus que jo mateixa vaig instal·lar i orientar cap allà on feia falta.

Tot i que la sala era prou gran, un cop llestes les maquetes que havíem muntat damunt de taules, el ventilador, els dibuixos i murals explicatius que vam penjar a les parets i en bon ordre perquè s'entenguessin, allò quedava ben ple i s'hi veia tanta coloraina que feia bonic de debò.

Vam posar fletxes des de l'entrada perquè la gent no es fes un embolic i també uns cartells que deien que amb molt de gust donaríem explicacions a qui ho demanés.

Vàrem tenir-hi feina tres setmanes llargues. En Jordi redactava les explicacions, que d'això en sap molt. La Joana, com que té la lletra molt clara, les passava a retolador. En Miquel dibuixava, els altres pintaven i jo collava cargols.

Quan ja quasi estava tot a punt els del «Xiroi» ens van enviar un jove aprenent de periodista perquè ens fes un reportatge.

Nosaltres el vam fer esperar set minuts a la sala de juntes perquè no es pensés que ens en moríem de ganes.

Estava convençut que els nostres projectes havien de ser genials quan havien interessat l'alcalde. Ens va felicitar i ens va dir que els seus lectors volien saber coses de la nostra vida i, sobretot, quins havien estat els motius que ens van fer dur a terme una obra tan humanitària...

Carat, com parlava!

Nosaltres no estàvem acostumats que ens fessin entrevistes i no havíem assajat res d'això abans, però li vam haver d'explicar tot fil per randa i, després, ensenyar-li la sala perquè hi fes fotografies.

Una altra sorpresa va ser la visita que ens va fer el client del clàxon el dia de la inauguració.

—Així no és un espia vostè? —li va preguntar en Jordi.

—Espia, jo?

—Com que aquell dia al cementiri tot ho volia saber...

Nosaltres estàvem més contents que set gossos amb set ossos perquè tot Vilaxiroia anava plena dels nostres invents.

A la sala d'espera de casa no es parlava d'altra cosa i el pare tenia feina a fer estar els clients callats i amb la boca oberta, perquè tots li volien comentar la nostra traça.

A la perruqueria, la Joana també en tenia de tots colors, i més d'una clienta no es creia que nosaltres sols haguéssim pogut convèncer el batlle i deien que allà hi havia gat amagat.

Vilatants i forasters desfilaven per la nostra sala, bocabadats, i és que, es pot dir perquè és veritat, ens va quedar força bé i sobretot la gent ens entenia més a nosaltres que als pintors abstractes, amb tots els respectes sigui dit.

En general, la Festa Major va sortir lluïda i hi hagué de tot: repics de campanes, cercaviles, castells de focs, ballades de sardanes, envelat, teatre... però res no va tenir tant d'èxit com la nostra exposició.

Nosaltres set gairebé no podíem sortir al carrer perquè

la gent ens atabalava amb preguntes i més preguntes, i més d'un volia que li solucionéssim problemes que resultaven impossibles per a lampistes i paletes.

Es va assenyalar el dia del Ple Municipal, però ja se sabia que tot el poble havia pres partit a favor dels invents i de fer-los servir com més aviat millor.

Tothom hi deia la seva i estaven admirats que fóssim una mainada que penséssim tant.

—Això ho fa l'aigua —deien els de la companyia, que havien cedit una mina al poble feia uns deu anys—: porta molta de calç i altres substàncies que deuen anar bé per a la intel·ligència.

Uns altres deien que ho feia el turisme i la televisió, i els militants d'un partit que es deia B.T.D.C. (Bons Tips De Córrer) trobaven que se'n podia donar les gràcies al director de la nostra escola que n'era el secretari.

El porter de la fàbrica Ruvinyols va fer córrer que eren les pastes de sopa que afilaven l'enginy.

També deien que ho feien els moixernons tan bons que es fan al terme de Vilaxiroia i que són una mica el nostre producte típic, com els borregos a Cardedeu.

Els del club de futbol trobaven que era una conseqüència de la pràctica d'esports.

El cas és que tothom estava més content que unes pasqües i el dia del Ple, la sala del Arcs es va omplir de gom a gom i quedà gent a fora i no hi va haver pinyes perquè som on som. I nosaltres set érem a la presidència, ben pentinants i mirant de fer cara de gent important.

L'Alcalde ens va presentar, ben inútilment per cert, ja que tothom ens coneixia. I com que no hi havia res més a l'ordre del dia va començar el debat.

El senyor que havia demanat primer la paraula va dir que, examinats atentament els nostres projectes, considerava que eren ni més ni menys, el que haurien hagut de fer, ja feia molts anys, els que tenien la paella pel mànec i que s'havien de fer arribar a la màxima autoritat del país i que els regidors corresponents decidissin sobre l'aplicació dels invents.

I tothom vinga aplaudir.

Un altre senyor que també havia alçat la mà, fet i fet va dir el mateix amb unes altres paraules.

Una senyora regidora va parlar en representació de les dones, perque no fos dit, i va dir que caldria enllestir una etapa d'experimentació i pressionar on fes falta.

I la gentada vinga aplaudir.

El Ple va durar ben bé un parell d'hores i quan ja tothom començava a tenir gana, l'alcalde va dir que s'havia decidit per unanimitat de portar els nostres projectes a la Generalitat.

Hi aniríem nosaltres i un parell de representants del ram que semblés més adient.

La Montse secretària va quedar encarregada de demanar el dia i l'hora.

Es donà l'acte per acabat i la gent, a poc a poc, i després de donar-nos grans estretes de mà, va anar abandonant la sala.

Amb tot això, i potser perquè a ell també el felicitaven molt, el senyor alcalde no es recordà de reclamar-me la maquineta dels pensaments.

Com que no estava tranquil·la i aquella era l'única punxa que tenia en un dia tan lluminós, un cop a casa, li vaig telefonar per explicar-li tota la veritat, ja que no m'agrada deixar les coses a mitges.

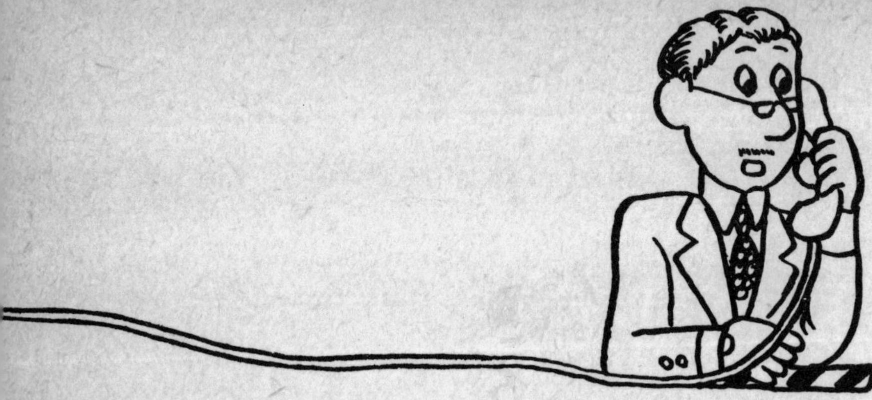

—Que no se'n recorda de la maquineta?

—Sí que me'n recordo, Cati, però he reflexionat i és millor que la tinguis tu. A mi em fan massa respecte els pensaments dels altres.

Em va deixar més plantada que un faig de tres-cents anys, però encara vaig poder cridar:

Visquin els alcaldes de la Democràcia!

I vaig penjar.

* * *

Des d'ara, estimats Lluca i tots els qui hi lluquin, quan anireu per aquest món de Déu i nostre i veureu aquest reguitzell de casetes que gairebé no toquen de peus a terra, la vegetació esplendorosa i fins a tocar les portes, els cotxes endreçats, l'aire sense fum i el cel net. Quan veureu el mar de lluny com de la vora i recordareu que des d'altres llocs potser ens contemplen i ens comprenen, sabreu que tot això ho devem a l'enginy, el treball, la decisió i la murrieria d'uns nens de Vilaxiroia i a la bona voluntat de tot el poble.

PARLEM D'AQUEST LLIBRE

A la guarda del llibre tens dibuixats els set personatges de la colla de Vilaxiroia. Explica en un paper com és cadascú: alegre o trist, xerraire o callat, decidit o indecís, valent o poruc, eixerit o aturat, etc.

Què et sembla la colla de la Cati? Qui t'agrada més de tots set?, per què? ¿Tens algun amic o amiga que s'assembli a algun d'ells? I tu, t'assembles a la Cati o a algun dels seus amics? T'agradaria assemlar-te a algun noi o noia d'aquesta colla?

Sembla que la Cati i els seus amics són una colla ben avinguda. Fixa't que en tot el llibre no hi ha cap baralla, cosa que no vol dir que hagin de pensar sempre tots igual. I és que és una colla que parlen molt, que practiquen una cosa importantíssima per entendre's: el diàleg. Al llarg del llibre se'ns expliquen moltes converses, però no discussions: parlen per prendre decisions, s'expliquen les idees i les milloren entre tots, parlen a l'hora de fer els projectes, parlen per organitzar-se la feina, parlen de les coses de casa seva... En fi, ens ensenyen com és d'important la conversa si volem fer coses fermes. Tu i la teva colla, ¿parleu gaire? Dialogueu o discutiu? ¿Hi ha algú de la teva colla que vulgui imposar les seves idees sobre els altres?, ¿o tots respecteu les idees de tothom? Creus tu també que el diàleg es important? Mira de recordar una situació compromesa que s'hagi arreglat dialogant. Explica-la.

Sembla que la Cati i els seus amics van pel món amb els ulls i les orelles molt oberts i sempre ben disposats a arreglar allò que calgui. Hi ha moltes maneres d'arreglar el món, o almenys de contribuir-hi una miqueta. ¿Coneixes algun grup de nois i noies que ho intenti? Explica com. ¿Què feu tu i la teva colla per arreglar una mica el món? ¿Què penses que hauríeu de fer més?

A més d'inventar coses per arreglar el món, tota la colla de Vilaxiroia sembla que es diverteixen força: passegen, parlen amb la gent del poble, els demanen coses i es preocupen pels problemes que els grans no poden resoldre... Fes una llista de tota la gent gran que surt al llibre. De tota aquesta gent gran, ¿qui són els que ajuden la colla a fer l'exposició de projectes?

Quan la Cati i els seus amics tenen la idea clara de l'invent que volen fer, el dibuixen immediatament. Per què penses que ho fan, de dibuixar-los? ¿Creus que és una bona manera de treballar? ¿Penses que és necessari dibuixar els projectes abans de realitzar-los? ¿Has vist mai els plànols d'una casa o d'algun projecte? ¿Series capaç de fer el plànol de la teva classe, amb les taules, les cadires, la pissarra, etc.? Mira de fer el plànol de casa teva i fes-hi les millores que tu creus que hi caldrien.

I ara parlem dels invents de la Cati. En primer lloc cal que ens fixem que no fa cap invent perquè sí: tots pretenen arreglar algun dels problemes que té la gent del seu poble. Són uns problemes que hi ha molts pobles —i sobretot les ciutats— que els tenen: problemes d'espai, problemes de falta de contacte amb la natura, problemes de contaminació...

Què en penses, tu, de la contaminació de l'aire i de l'aigua? Saps si hi ha alguna manera d'evitar-la? ¿Penses que cal evitar-la de totes totes, o penses que no n'hi ha per a tant? Si no ho saps, mira de preguntar per què no s'ha solucionat el problema de la contaminació, quan hi ha tanta gent que protesta perquè s'embruta l'aire que respirem i l'aigua que hem de beure o que ha de regar les plantes que ens menjarem més tard. Explica-ho fent una redacció.

Una altra queixa de molta gent és la manca d'espais lliures i verds, la destrucció de boscos i paisatges per construir cases i fàbriques, i la tristesa que provoca a la gent el fet de viure separats de la natura. Què en penses d'això? ¿Creus que la solució de la Cati, de penjar les cases i els cotxes podria anar bé? Sabries proposar tu alguna altra solució?

La colla de Vilaxiroia fa un altre invent, el dels miralls, que serveix perquè la gent pugui veure el mar i el paisatge des d'allà on sigui. ¿Per què creus que es dóna tanta importància a aquest fet? Si no ho saps, rumia-ho i mira d'explicar-ho.

Què t'ha semblat la fàbrica de pastes Ruvinyols? ¿N'has visitat alguna de semblant? Quina? Què hi fabricaven?
Recorda que així que els de la colla entren a la fàbrica de pastes, noten tot seguit l'olor de farina molla. ¿T'hi has fixat, que les fàbriques, les botiques i fins i tot alguns carrers, fan una olor característica, segons què s'hi fa o què s'hi ven? Fes memòria i fes una llista de sis o set botigues que coneguis explicant l'olor que fan.

La cati i els seus amics van a l'Ajuntament del seu poble a veure el batlle. Gairebé tots ja hi havien estat abans. ¿Hi has estat, tu, a l'Ajuntament del teu poble o ciutat? Explica com és. Mira de recordar-lo per fora i dibuixa'l.

Has anat mai tu a visitar l'alcalde del teu poble o ciutat? I una altra persona gran? T'ha costat de parlar-li? Si no hi has anat mai, què et sembla?, et costaria fer-ho? ¿Series dels que portarien la veu cantant o dels que no dirien res? Ets tímid, tu?

ÍNDEX

ELS GRUMETS DE LA GALERA

EL ZOO D'EN PITUS, de Sebastià Sorribas (9.ª edició)
Premi Folch i Torres, 1965
FESTIVAL AL BARRI D'EN PITUS, de Sebastià Sorribas (6.ª edició)
UN RÈTOL PER A CURTÓ, d'Àngels Garriga (5.ª edició)
VIATGE AL PAÍS DELS LACETS, de Sebastià Sorribas (7.ª edició)
LA CUCA JAPONESA, de Jacint Torrents i Francesc Serrat (4.ª edició)
DE QUI ÉS EL BOSC?, de Mercè Canela Garayoa (4.ª edició)
EL SAVI REI BOIG, d'Empar de Lanuza (2.ª edició)
Premi Folch i Torres, 1978
Premi de la C.C.E.I., 1980
BUSCANT UN NOM, de M. Dolors Alibés i Riera (2.ª edició)
MÀQUINES D'EMPAQUETAR FUM I ALTRES ENGINYS, de M. Dolors Alibés i Riera
BON VIATGE, PITBLANC!, d'Empar de Lanuza
VET AQUÍ QUE SET REIS UNA VEGADA... d'Anna Vilar

* *

ROVELLÓ, de Josep Vallverdú (6.ª edició)
Premi Folch i Torres, 1968
Premi de la C.C.E.I., 1970
LA COLLA DELS DEU, de Joaquim Carbó (5.ª edició)
I TU, QUÈ HI FAS AQUÍ?, de Joaquim Carbó (4.ª edició)
Premi Folch i Torres, 1969
EN ROC DRAPAIRE, de Josep Vallverdú (4.ª edició)
Premi Folch i Torres, 1970
EN JOSFE, EL SEU MÓN I LA FOSCA, de Lolo Rico de Alba (2.ª edició)
L'HOME DELS GATS, de Josep Vallverdú (4.ª edició)
ANNA, de M. Lluïsa Solà (5.ª edició)
Premi Folch i Torres, 1972
EL FUGITIU DE QUERAGUT, de Renée Mathieu (2.ª edició)
L'ESCARABAT VERD, de Mercè Canela Garayoa (2.ª edició)
Premi Folch i Torres, 1976
L'HOME DE MUNIC (La colla dels deu), de Joaquim Carbó (2.ª edició)
ELS AMICS DEL VENT, de Josep Vallverdú (2.ª edició)
UTINGHAMI, EL REI DE LA BOIRA, de Mercè Canela Garayoa
EL MISSATGE DEL CAVALLER DE L'ÀGUILA RAMPANT, d'Àlvar Valls
LA HISTÒRIA QUE EN ROC PONS NO CONEIXIA, de Jaume Cabré (2.ª edició)
EN PATANCRÀS XINXOLAINA, de Joles Sennell (2.ª edició)
Premi Folch i Torres, 1980
UN ARMARIET, UN COFRE I UN DIARI, de Maria Àngels Gardella
LA PRINCIPAL DEL POBLE MOLL. ANY 2.590, de M. Dolors Alibés i Riera
NEGRETXO. MEMÒRIES D'UN GOS, d'Àlvar Valls
SABERUT I CUA-VERD, de Josep Vallverdú
EL GENI DEL VIOLÍ, de M. Àngels Gardella

* * *

LES PRESONERES DE TABRIZ, de Maria Novell (4.ª edició)
Premi Folch i Torres, 1966
NICOLÓ I EL LLANGARDAIX BLAU, de C. Bailly (3.ª edició)
DÍDAC, BERTA I LA MÀQUINA DE LLIGAR BOIRA, d'Emili Teixidor (4.ª edició)
ELS ASTRONAUTES DEL «MUSSOL», de Sebastià Sorribas (4.ª edició)
Premi de la C.C.E.I., 1973
EL MERAVELLÓS VIATGE DE NICO HUEHUETL A TRAVÉS DE MÈXIC, d'Anna Murià (3.ª edició)
Premi Folch i Torres, 1973
BERNAT I ELS BANDOLERS, de Josep Vallverdú (3.ª edició)
UN CAVALL CONTRA ROMA, de Josep Vallverdú (3.ª edició)
EL REI GASPAR, de Gabriel Janer Manila (3.ª edició)
Premi Folch i Torres, 1975
Llibre d'interès infantil, M. d'I. i T., 1976
EL RESCAT DEL REI MINYÓ, de Joan Blasco Casanovas (3.ª edició)
UN CATALÀ A LA MANIGUA, d'Oriol Vergés (3.ª edició)
TRES XACALS A LA CIUTAT, de Josep Vallverdú (2.ª edició)
Llibre d'interès juvenil, Ministeri de Cultura, 1977
SEMPRE EM DIC PERE, d'Emili Teixidor (2.ª edició)
ELS INVENTORS DE FANTASMES, de Josep Vallverdú (2.ª edició)
ELS DOS VAILETS DEL CASTELL DE MONTSÓ, de Joan Blasco Casanovas (2.ª edició)
LA CIUTAT SENSE MURALLES, d'Oriol Vergés (2.ª edició)
Premi Folch i Torres, 1977
Llibre d'interès infantil, Ministeri de Cultura, 1978
EN MIR L'ESQUIROL, de Josep Vallverdú (2.ª edició)
Premi de la C.C.E.I., 1979.
Llibre d'interès infantil, Ministeri de Cultura, 1979.
Llista d'Honor del Premi Andersen (I.B.B.Y.), Praga, 1980
ULLS DE GAT MESQUER, de Joan Barceló i Cullerés (2.ª edició)
QUE COMENCI LA FESTA!, de Joan Barceló i Cullerés.
Premi Folch i Torres, 1979
LA NOIA DEL TIMBAL, d'Oriol Vergés
GIRA-SOL D'HISTÒRIES, de Josep Vallverdú
Accèssit al Premi Nacional de Literatura Infantil, Ministeri de Cultura, 1979
ESTIMADA GALLINA, de Joan Barceló i Cullerés
L'ALCALDE FERROVELL, de Josep Vallverdú
Millor llibre juvenil de 1981, Generalitat de Catalunya
EL SOMNI HA OBERT UNA PORTA, de Joan Barceló i Cullerés
HABITANTS DE BUBO-BUBO, de Miquel Obiols
Premi Folch i Torres, 1981
24 HORES DE LA VIDA D'EN CESC MARTÍ, d'Andreu Vallvé i Ventosa
ASPERÚ, JOGLAR EMBRUIXAT, de Mercè Canela Garayoa